Culture and Appreciation of Insects

◎顾茂彬　陈仁利　主编

昆虫文化与鉴赏

广东省出版集团
广东科技出版社
·广州·

图书在版编目(CIP)数据

昆虫文化与鉴赏/顾茂彬，陈仁利主编. —广州：广东科技出版社，2011.8
 ISBN 978-7-5359-5505-0

Ⅰ.①昆… Ⅱ.①顾…②陈… Ⅲ.①昆虫学—普及读物 Ⅳ.①Q96-49

中国版本图书馆CIP数据核字（2011）第070448号

责任编辑：罗孝政　林　旸
封面设计：柳国雄
责任技编：任建强
出版发行：广东科技出版社
　　　　　（广州市环市东路水荫路11号　邮政编码：510075）
E-mail: gdkjzbb@21cn.com
http://www.gdstp.com.cn
经　销：广东新华发行集团股份有限公司
印　刷：广州伟龙印刷制版有限公司
　　　　（广州市沙太路银利工业大厦1栋　邮政编码：510507）
规　格：787mm×1 092mm　1/16　印张7.5　字数180千
版　次：2011年8月第1版
　　　　2011年8月第1次印刷
印　数：1～5 000册
定　价：32.00元

如发现因印装质量问题影响阅读，请与承印厂联系调换。

《昆虫文化与鉴赏》编辑委员会

主　编：顾茂彬　陈仁利

副主编：吴　云　陈锡昌　张巍巍　陈佩珍　周铁烽

编著者：陈一全　陈锡昌　陈仁利　陈佩珍　陈敢清
　　　　马海宾　王胜坤　张巍巍　徐家雄　王春浩
　　　　岳　军　周铁烽　杜志鹄　罗志文　黄凤梅
　　　　杨建业　饶　戈　高　磊　顾茂彬　蔡玉生
　　　　蔡卫京　曹天文　毕继茂　林海伦　李　超

前言
Preface

我大学毕业分配到热带林业研究所工作至今，一直从事昆虫生态、昆虫区系和有害森林昆虫管理的研究。热带森林昆虫显示的多样性，昆虫世界的精彩神奇令我陶醉。探索森林生态系统的奥秘是一个有趣和愉悦的过程，我很幸运地有机会常置身森林生态环境中，这为学习和积累昆虫生态学等知识提供了条件，也为探索昆虫生态学的发展和向人们展示有趣的昆虫世界成为可能。我热爱自己所从事的森林昆虫专业，在几十年研究工作中，我对昆虫学怀有深深的眷恋情愫，这种情感一直延续至今，《昆虫文化与鉴赏》一书也由此而生。

文化是一个民族乃至国家的灵魂和瑰宝。中华文化源远流长、博大精深和丰富多彩。昆虫与人类关系十分密切，昆虫文化是中华民族文化的重要组成部分，昆虫与民俗等民族昆虫学的内容丰富多彩，昆虫的基本知识，昆虫的故事与传说，各种昆虫的生物学特性，与昆虫有关的节日，昆虫的工艺品、饰物，昆虫的娱乐、观赏，昆虫趣闻，昆虫利用（含昆虫仿生），历代文人墨客对昆虫的吟诗作画等，组成了丰富的昆虫多元文化，涉及人类活动的各个方面。其中以蝴蝶文化最为丰富，其已在2009年出版的《蝴蝶文化与鉴赏》一书中有记述。在以千万计的昆虫世界里，本书通过对收集到虫种的遴选，彰显了昆虫世界美、奇、特的文化；许多生动的昆虫生态写真，充分展现了昆虫生态

前言
Preface

文化，使人们仿佛置身于大自然的怀抱中，分享人与自然和谐的情趣，进而启迪人们热爱生活、热爱我们的地球家园、珍惜生物多样性、参与生态环境的保护与建设，使我们今后的绿色生活更加美好。这是我们对昆虫生态文化构思时进行创意的一种期盼和尝试。

本书通过"蝴蝶人工繁殖技术的研究"项目平台，与陈仁利同志合编成册并汇集了我国多位著名昆虫研究者、昆虫爱好者的聪明才智和他们的作品，其中吴云先生、陈锡昌先生和张巍巍先生，用他们的技艺和辛勤劳动，为丰富《昆虫文化与鉴赏》一书的昆虫文化内涵尤其是昆虫生态文化作出了贡献。该书的出版得到不少专家学者的帮助，他们是：华南农业大学王敏教授和他的学生王厚帅博士帮助鉴定鳞翅目昆虫；中国农业大学彩万志教授帮助鉴定半翅目昆虫；中国农业科学院雷仲仁研究员帮助鉴定同翅目蝉科昆虫；中国科学院动物研究所李文柱先生、

陈瑞谨女士提供昆虫图片；南京农业大学王荫长教授提供了昆虫邮票等，王教授是我1961年入南京农学院植物保护专业读书时的老师，这次不仅重温了师生之情，而且王老师退休多年后还活跃在昆虫科普宣传舞台的这种耕耘不断的精神和品格永远值得我学习。

中国林业科学研究院热带林业研究所是我毕生工作和生活的场所，多年来在工作中得到各届领导和同仁的帮助，本书编写过程中承蒙项目顾问徐大平所长，廖绍波、尹光天、何清三位副所长及科研处吴仲民处长的关照，也得到王世能、李意德、周光益、周再知、梁坤南、李梅、曾杰、许涵、徐建民、陆钊华、赵霞、李光友、杨锦昌、甘四明、仲崇禄、王旭、肖以华、黄桂华等同仁的鼓励和支持，在此一并表示感谢！

昆虫文化是昆虫学的核心和灵魂。昆虫学领域的知识十分丰富，它涉及的面很广，而我们掌握的昆虫文化知识却很少，错误之处在所难免，尤其是昆虫种类的鉴定限于水平低和文献不足，把学名鉴定错的不少，恳请读者批评指正。

顾茂彬

2011年6月26日

目录
Contents

一、昆虫密码 ·· 1
 什么是昆虫 ··· 2
 外部构造 ·· 3
 虫态与世代 ··· 6
 生物多样性 ··· 7
 繁衍生长 ·· 8

二、昆虫百态 ·· 15
 闪亮狙击手——萤火虫 ······························ 16
 大刀将军——螳螂 ··································· 18
 空中精灵——蜻蜓 ··································· 21
 只有一天快活的"盈盈倩女"——蜉蝣 ········· 23
 昆虫世界的"男高音"——蝉 ····················· 24
 牛气十足的"锯树郎"——天牛 ·················· 26

当之无愧的"大力士"——蚂蚁 … 27
辛勤的"园丁"——蜜蜂 … 31
大自然的"清道夫"——蜣螂 … 34
殷勤的"殡葬师"——埋葬虫 … 35
轻音乐演奏家——螽斯 … 36
格斗将士——蟋蟀 … 38
模范丈夫——蠼 … 39
游泳健将——龙虱 … 41
用毒高手——芫菁 … 42
神行太保——虎甲 … 44
昆虫世界的"长颈鹿"——长颈象虫 … 45
昆虫世界的"王牌飞行师"——蝗虫 … 45
灭虫能手——草蛉 … 47
昆虫中的"育儿专家"——蠼螋 … 48
蛾类中的"大胖子"——大乌柏蚕 … 49
纺织能手——家蚕 … 49
戴"高架眼镜"的"近视眼"——突眼蝇 … 50
嗅觉灵敏的"反恐精英"——天蛾 … 51
飘带舞者——非洲长尾蛾 … 52
毒刺之王——刺蛾 … 52
聪明的"伪装者"——尺蛾 … 53
长角飘飘——长角蛾 … 53
漂亮蛾子——非洲多尾燕蛾 … 54
美食家——舞毒蛾 … 54
娇艳迷人的"淑女"——吉丁虫 … 55
伪装大师——竹节虫 … 55
会向雌性"送礼"的求爱者——食虫虻 … 56

金龟中的"长腿模特"——阳彩臂金龟 ⋯⋯⋯⋯ 57
举重冠军——双叉犀金龟 ⋯⋯⋯⋯⋯⋯⋯⋯ 57
真正的铁骑士——海伦犀角金龟 ⋯⋯⋯⋯⋯ 58
重型坦克——坦克大犀甲 ⋯⋯⋯⋯⋯⋯⋯⋯ 58

三、昆虫文化 ⋯⋯⋯⋯⋯⋯⋯⋯⋯⋯⋯⋯⋯⋯ 59

昆虫资源的利用 ⋯⋯⋯⋯⋯⋯⋯⋯⋯⋯⋯⋯ 60
昆虫与文化艺术 ⋯⋯⋯⋯⋯⋯⋯⋯⋯⋯⋯⋯ 61
昆虫与民俗 ⋯⋯⋯⋯⋯⋯⋯⋯⋯⋯⋯⋯⋯⋯ 66
昆虫与娱乐 ⋯⋯⋯⋯⋯⋯⋯⋯⋯⋯⋯⋯⋯⋯ 66

四、昆虫鉴赏 ⋯⋯⋯⋯⋯⋯⋯⋯⋯⋯⋯⋯⋯⋯ 67

鞘翅目 Coleoptera ⋯⋯⋯⋯⋯⋯⋯⋯⋯⋯⋯ 68
蜻蜓目 Odonata ⋯⋯⋯⋯⋯⋯⋯⋯⋯⋯⋯⋯ 81
螳螂目 Mantodea ⋯⋯⋯⋯⋯⋯⋯⋯⋯⋯⋯⋯ 83
竹节虫目 Phasmatodea ⋯⋯⋯⋯⋯⋯⋯⋯⋯ 84
双翅目 Diptera ⋯⋯⋯⋯⋯⋯⋯⋯⋯⋯⋯⋯⋯ 85
膜翅目 Hymenoptera ⋯⋯⋯⋯⋯⋯⋯⋯⋯⋯ 86
半翅目 Hemiptera ⋯⋯⋯⋯⋯⋯⋯⋯⋯⋯⋯⋯ 88
广翅目 Megaloptera ⋯⋯⋯⋯⋯⋯⋯⋯⋯⋯ 90
直翅目 Orthoptera ⋯⋯⋯⋯⋯⋯⋯⋯⋯⋯⋯ 91
脉翅目 Neuroptera ⋯⋯⋯⋯⋯⋯⋯⋯⋯⋯⋯ 92
同翅目 Homoptera ⋯⋯⋯⋯⋯⋯⋯⋯⋯⋯⋯ 92
鳞翅目 Lepidoptea ⋯⋯⋯⋯⋯⋯⋯⋯⋯⋯⋯ 96
其他目昆虫 ⋯⋯⋯⋯⋯⋯⋯⋯⋯⋯⋯⋯⋯⋯ 107

参考文献 ⋯⋯⋯⋯⋯⋯⋯⋯⋯⋯⋯⋯⋯⋯⋯⋯ 109

小华锦蚁蛉 *Gatzara jezoensis*（Okamoto）
分布：四川

一、昆虫密码

在空中，在地表，在土壤中，在水里，昆虫的身影无处不在。辛勤采蜜的蜜蜂，美丽优雅的蝴蝶，吐丝结茧的蚕宝宝，团结协作的蚂蚁，顽强拼搏的蟋蟀，善于鸣叫的螽斯，星光闪烁的萤火虫，轻巧可爱的蜻蜓，憨态可掬的小瓢虫，手持双刀、昂首慢行的螳螂，挥之不去的苍蝇、蚊子……那么，昆虫有什么特征呢？蜇人的蝎子、吐丝的蜘蛛是不是昆虫？马陆、蜈蚣呢？对诸如此类问题，你可能不太确定答案，现让我们一起来解读昆虫的生态密码吧！

什么是昆虫

昆虫属于动物界中无脊椎动物的节肢动物门昆虫纲，是所有生物中种类及数量最多的一群。昆虫学家估计现存种类有200万～1 000万种，已发现100多万种，占动物界已知种类的2/3～3/4。地球上每一个人对应有两亿昆虫，两平方千米的乡村土地所容纳的昆虫，比地球上的人口总数还要多。

昆虫基本特征：

体躯三段头、胸、腹，两对翅膀六只足；一对触角头上生，骨骼包在体外部；一生形态多变化，遍布全球旺家族。

昆虫的构造有异于脊椎动物，它们的身体并没有内骨骼的支持，外裹一层由几丁质构成的壳，这层壳会分节以利于运动，犹如骑士的甲胄。

结网蜘蛛捕食蝉

有了昆虫的概念，想必你现在已经知道了前面问题的答案：蜘蛛、蝎子的身体分为头胸部和腹部两段，还长着8条腿，所以不是昆虫；蜈蚣、马陆的腿就更多了，几乎每一体节上都有1～2对足，当然就更不是昆虫了。

下面，让我们对昆虫形态结构做个大解剖吧，了解昆虫身体究竟有哪些秘密！

昆虫的基本特征
A. 触角；B. 口器；C. 头部；D. 胸部；E. 腿部；F. 腹部

外 部 构 造

头部

昆虫的头部位于身体前面的一段，是感觉和取食的中心。昆虫的头部比较坚硬，形成一个头壳。头的上方有一对触角，下方是口器，两侧一般有一对复眼，两复眼间有1~3只单眼。这些器官的形状，因昆虫的种类不同而不同。

昆虫的眼睛包括单眼与复眼，复眼是昆虫的主要视觉器官，通常在昆虫的头部占有突出的位置，它是由许多六角形的小眼组成的，每个小眼与单眼的基本构造相同。昆虫的视力远不如人类的好，蜻蜓可以看到1~2米，而苍蝇只能看到40~70毫米。可是，昆虫对于移动物体的反应却十分敏感，当一个物体突然出现时，蜜蜂只要0.01秒就能做出反应。昆虫的触角由柄节、梗节和鞭节组成；触角的形状因虫而异，有环毛状、线状、刚毛状、念珠状、棒状、锤状、锯齿状、羽状、栉齿状、具芒状、鳃叶状、膝状。触角1对，主要有感觉、听觉和嗅觉的功能，用于释放或接收各种信息素。昆虫在活动的时候，这两根触角总是不停地摆动着，东窥西探，像是寻找猎物的雷达。

蜂取食花蜜

准备起飞的象甲

触角的基本类型（彩万志 绘）
A. 线状（或丝状）；B. 念珠状；C. 锯齿状（或栉状）；D. 羽状（或双栉状）；E. 膝状（或肘状）；F. 棒状（或球杆状）；G. 锤状；H. 鳃叶状；I. 环毛状；J. 具芒状；K. 刚毛状

安蝉 *Chremistica ochracea*

葛奴蛀犀金龟 *Oryctes gnu*

此外，幽蚊以触角捕食；芫菁的雄虫以触角抱握雌虫，进行交配；牙甲的触角有呼吸作用；仰春在游泳时以触角平衡身体。科学家模拟昆虫触角的独特用途，仿生出一系列现代化的探测仪器，用来分析气体成分、跟踪和定向等。口器按取食方式分咀嚼式口器（蝗虫）、嚼吸式口器（蜜蜂）、刺吸式口器（蝉）、虹吸式口器（蝴蝶）、锉吸式口器（蓟马）、舐吸式口器（苍蝇）、刮吸式口器（牛虻），起进食的作用。昆虫的听觉器官所在的部位，因种类而异，蝗科的听器位于腹部第一节的两侧；螽斯的听器位于前足胫节基部；蝉的听器位于腹部1~2节的腹基。

口器的基本类型（彩万志 绘）
A. 咀嚼式口器；B. 刺吸式口器；C. 锉吸式口器；D. 虹吸式口器；E. 嚼吸式口器；F. 舐吸式口器

胸部

胸部是昆虫身体上紧接在头部后面的一段，借着能伸缩的膜与头部相连。胸部是昆虫的运动中心，主要器官有足和翅。胸部分前胸、中胸和后胸三节，每节着生足一对，胸足由基节、转节、腿节、胫节、跗节和爪垫（前跗节）组成。按爬、跳、捕、

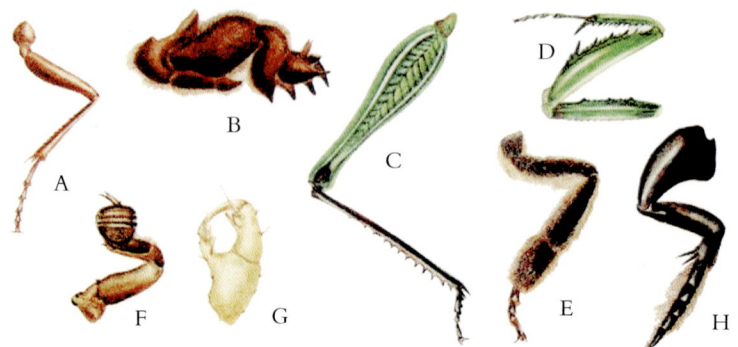

足的基本类型（彩万志 绘）
A. 步行足；B. 开掘足；C. 跳跃足；D. 捕捉足；E. 携粉足；F. 抱握足；G. 攀缘足；H. 游泳足

挖等不同的功能分别有步行足、跳跃足、开掘足、捕捉足、携粉足、游泳足、攀缘足。中胸和后胸通常有前翅和后翅各1对，主要作用是飞行，也有保护身体的功能。前胸由于无翅，因而与飞行没有关系，其发达程度常与前足有关。昆虫是无脊椎动物中唯一有翅的动物，大多数的有翅昆虫前胸比中、后胸小得多，中、后胸在有翅昆虫中普遍发达。

翅的基本类型（彩万志 绘）
A. 膜翅；B. 缨翅；C. 毛翅；D. 鳞翅；E. 复翅；F. 半翅；G. 鞘翅；H. 平衡棒

腹部

腹部是昆虫身体的最后一段，大多由9~11节组成，最多12节，最少6节，是昆虫消化食物和繁殖后代的中心。雄性第9腹节特化为交配器，是用来交尾的构造；雌性第8~9腹节特化为产卵器，一般为管状；生殖孔开口位于第8腹节、第9腹节之间的腹面；较原始的种类腹末还有尾须。尾须通常是1对须状的突起，着生在第11腹节转化成的肛上板和肛侧板之间的膜上。

马蜂 *Polistes* sp.

蜻蜓

虫态与世代

蜡类若虫

昆虫一生生长发育所度过的时间和别的动物不一样。有些动物的一生要经过几十年，而昆虫只在很短的时间里度过。昆虫年世代数与不同的生态地理位置和虫种有关，一般的一年发育繁殖两三代，有的更多，如蚜虫一年要发生二三十代。昆虫不但在这短短的时间里度过一生，而且要经过复杂的变化，从而形成几个不同发育期的虫态，这种现象称为变态。昆虫变态的类型不少，但常见的是完全变态和不完全变态两大类型。

昆虫在发育过程中经历卵、幼虫、蛹、成虫4个虫态者，叫完全变态；椿象等昆虫，若虫和成虫的形态基本相似，不经历蛹的虫态者，叫不完全变态；芫菁科昆虫，幼虫期还经历长腿型、短腿型和假蛹型者，称为过变态；衣鱼、弹尾目的成虫和幼虫的外表、腹部体节相同，属无变态或称表变态，是变态最简单的昆虫。卵内完成胚胎的发育后成为幼虫，幼虫破壳而出的过程叫孵化；成虫从蛹壳中破壳而出的过程叫羽化。卵大多数是球形或椭圆形。幼虫蜕皮1次增加1个龄期，昆虫多为5个龄期。雌、雄成虫除外生殖器不同外，在形态上有雌雄同型、雌雄异型和雌性多型。例如，天牛为雌雄同型；锹甲为雌雄异型；美凤蝶雌蝶有2种以上形态，属雌性多型。昆虫从卵的发育开

云南大蚕蛾（*Actias chrisbrechlinae*）的生活史
A. 卵；B. 幼虫；C. 蛹；D. 成虫

始,至成虫又产卵为止的发育周期,称为一个世代。世代也就是从出生到非意外死亡的整个发育过程。

生物多样性

多样性

动物界中昆虫的种类最多,目前已鉴定到拉丁学名的约100万种,有些种还未分类研究。科学家们特别调查了南美热带雨林的昆虫,昆虫区系之丰富大大超出原来掌握的材料和估计,因而有的学者认为地球上的昆虫种数可超过1 000万种。昆虫种类特别多的原因与其生殖力强,能适应各种生态环境有关;加上体小,所需的食料和栖息场所也小,有利于藏身避险,特别是在飞行、长距离的迁移、觅食、求偶和寻找合适栖息场所的时候,一生多变态有利于生存与避敌;另外,昆虫有拟态、放毒气等自我保护功能。

栖息地

昆虫栖息于动植物体内外,从高山到湖泊,从地表到土壤,遍及自然界的各个角落。各种生境中都有适生的昆虫,其中有阳性昆虫、阴性昆虫,有生活在60℃下的水蝇,在地球两极-30℃的地区还生存着20多种昆虫,曲蝇能生活在石油池里,盐蝇能在盐水中栖息,谷象虫能在纯二氧化碳中生存等,从而形成了昆虫多样性。但海洋环境特殊,昆虫几乎无法生存。在我国海域,已发现的小型昆虫不足20种,大多为海滨昆虫和湿地昆虫,例如,摇蚊的幼虫生活在内陆盐湖的海水中,远洋昆虫极少。

白天取食花蜜的长喙天蛾

白蛾蜡蝉

捕食蚜虫的瓢虫

食物链

绿色植物处于第一营养级,是食物链的基础。在绿色植物为主体的生态系统中,各类昆虫之间、昆虫与其他生物之间,经过千百万年的自然选择,形成了互相依存、互相制约的关系,这种关系一直处于动态平衡的状态。各类昆虫间,植食性昆虫以植物为食料,其种类和数量最多;捕食性昆虫以植食性昆虫为食料,还捕食寄生性昆虫和其他捕食性昆虫;寄生性昆虫可在植食性昆虫、捕食性昆虫和其他寄生性昆虫体内或体外寄生(重寄生)。而昆虫与其他生物间的关系也很复杂,鸟类、两栖动物、爬行动物、哺乳动物等往往以各类昆虫为食,由此引出了食物链、食物网络。例如,水稻遭受螟虫、椿象、甲虫等多种昆虫危害,这些害虫又被寄生蜂、螳螂、草蛉等天敌寄生或捕食,食虫鸟、兽又是这些天敌昆虫的劲敌,而食虫鸟又被大型肉食性鹰隼所猎捕。所以,昆虫多样性为生态系统的平衡、稳定和健康作出了积极的贡献。

繁 衍 生 长

交配中的褐斑异痣蟌

生殖多样性

昆虫一生大多产卵数百粒,群居性的种类产卵量较多。白蚁的蚁后一生产卵有数百万个;蚜虫孤雌生殖,1只棉蚜孤雌胎生的后代假设它们都活着的话,不到半年总数超过6万亿个。

1. 两性生殖

雌雄虫体经过交配,雄性个体产生的精子与雌性个体产生的卵结合后产卵生殖产生后代的方式,称为有性生殖。受精卵在母体内依靠卵自身营养进行发育,孵化成幼虫或若虫后排出称为卵胎生,又称伪胎生。受精卵与母体没有或只有很少营养联系,母体对卵起到保护作用和孵化作用。

2. 孤雌胎生

孤雌胎生指昆虫的卵不经过受精而发育成新个体的生殖方式。
(1)产雄孤雌。蜜蜂未受精的卵孵化后全是雄虫。
(2)产雌孤雌。棉蚜行孤雌胎生(孤雌生殖),到越冬前分化出有翅的雄蚜和无翅雌蚜进行两性产卵生殖，随季节变化进行周期性的孤雌生殖。

3. 多胚生殖

有些寄生蜂在寄主体内可产一粒卵，在发育过程中，可以分化成多个个体的生殖方式称多胚生殖。这种生殖方式遇到寄主后可在短时间内产生62～2 000个后代，以保持"种"的延续。

交配中的丽斑棉红蝽

4. 幼体生殖

属幼虫期的孤雌生殖，少数昆虫如瘿蚊在幼虫期体内的卵便成熟，卵孵化的幼虫就以母体组织为食，然后咬破母体而出。行同样的方法在幼虫期生殖后代，经若干世代后，幼虫化蛹，羽化为两性个体，进行两性生殖。

彩蛾蜡蝉

5. 雌雄同体与变性

印度的一种蝲蝇，年轻的雄虫追逐雌蝇交配，稍过岁月该雄蝇变成了雌蝇，被其他雄蝇追逐、交配，并能产卵育子。说明，蝲蝇体内同时具有卵巢和睾丸，可在不同的情况下，发挥不同的性别机能。类似的情况还有吹绵介壳虫，受寄生的德利蜂、黄泥蜂，以及摇蚊的幼虫等。

6. 雌雄嵌合现象

（1）昆虫雌雄嵌合体的类型。在昆虫纲中有很多种昆虫具有雌雄嵌合现象，据1980年至2000年的《动物学记录》中收录的雌雄嵌合体昆虫有283例，这些昆虫隶属于14个目83个科。雌雄嵌合体昆虫有两大类，一类为不均衡式，表现为雌性与雄性形态结构比例不为1∶1；另一类为均衡式，包括左右相对式、前后相对式和随机相对式。我们常说的阴阳蝴蝶就是左右相对式。

（2）雌雄嵌合体的发生机制。昆虫雌雄嵌合体现象的发生，是在生命形成过程中发生以下5种不正常情况造成的：部分受精、重复受精、染色体分离异常、性染色体异常缺失、染色体连锁互换异常。

（3）雌雄嵌合现象对昆虫生物学的影响。雌雄嵌合体昆虫的行为异常，大多数不能正常完成生殖活动，据研究报道，能

蝽类

斑蛾

正常完成生殖活动的只占 10%～15%。有的虫种在某一时间内表现为雄虫的行为或雄性的行为，而在另一时间内表现为雌虫行为或雌性行为；有的虫体的一个部位表现为雄虫的行为，而在虫体的另一个部位表现为雌虫的行为；有的在虫体的一个部位，同时表现为雄虫和雌虫的行为。

寿命

　　昆虫的寿命指从受精卵开始至成虫死亡的时间为止，也就是一个世代。不同种昆虫寿命长短的差异很大，同一种昆虫各虫态的历期相差也很大，同一虫态的历期随温度的升高而缩短。迁粉蝶在海南一年发生 13～14 代，夏天一个世代不足 1 个月，冬天则要 2 个月。美洲有一种能活 17 年的蝉，虽然它的寿命长，却要以幼虫状态在土里生活 17 年，当它从土里钻出来，在太阳下享受生活，仅 5 个星期就老死了。蜉蝣的寿命很短，只有数小时至一天，所以有"朝生暮死"的说法。白蚁的蚁后可活 8～10 年，澳大利亚的一种蚁后可活 80 年。另外，昆虫的寿命雌性大多长于雄性。

捕食

　　围绕绿色植物形成的昆虫多样性，使昆虫的种群之间、昆虫与其他生物之间形成了相互制约、相互依存的平衡关系，这种生物间平衡所表现出的协调，可谓鬼斧神工。昆虫的食性有如下几种：

1. 植食性

　　以植物各器官为食的昆虫，此类昆虫约占昆虫种数的一半多。其中只取食一种植物的叫单食性昆虫；取食少数种属的植物叫寡食性昆虫；取食多种植物的叫多食性昆虫。单食性昆虫大多是活动能力较小，或钻蛀到植物茎秆和叶片组织里生活的种类，如三化螟只取食水稻；寡食性昆虫只吃很少数几种植物，或者与这几种植物有亲缘关系的种类，如小菜蛾幼虫能取食十字花科的 39 种蔬菜；多食性昆虫对许多种在自然系统上几乎无亲缘关系的植物都能吃，如舞毒蛾的幼虫，可用见到植物就吃

两只黄蚂蚁合力杀死一只黑蚂蚁

来形容,统计有500多种,属食性最杂的昆虫。植食性昆虫往往又被其他昆虫、蜘蛛、鸟类、两栖动物、爬行动物等所捕食,形成复杂的食物链。

2. 肉食性

捕食、寄生在其他昆虫或取食动物制品的昆虫称之肉食性昆虫,如螳螂、寄生蜂和捕食蜘蛛的蛛蜂等。

3. 杂食性

以多种动、植物体为食的昆虫称之为杂食性昆虫,如蜚蠊。

4. 粪食性

取食动物粪便的昆虫称之粪食性昆虫。蜣螂推粪球就是一例,此虫被称为大自然的清道夫。

5. 腐食性

取食腐败有机物的昆虫称之腐食性昆虫,如某些蝇类幼虫。

6. 尸食性

取食动物尸体的昆虫称之尸食性昆虫。埋葬虫就是其形象的称谓,也属大自然的清道夫。天然林属健康的森林生态系统,昆虫及其食性多样性反映了它们在生态系统中功能的不同,从共同为保持生态平衡作出贡献来考虑,不存在害虫与益虫之分。

螽斯

生存绝技

1. 拟态

拟态的形成是长期自然选择的结果。拟态基本分恐吓和伪装两种，拟态昆虫使自己的形状和颜色都模拟成对被骗者而言是不可食的、有毒的、可怕的动物，巧妙地逃避敌害的捕食。模拟对象有蚂蚁、蜇人蜂类、有毒萤类、有毒蝶类、蛇及蜥蜴之头、蝎子之尾、鸟蛇之眼等。

（1）拟态植物。拟态植物的昆虫较多，著名的有叶䗛，酷似一片叶，称之为仿叶最成功的昆虫。

（2）拟态动物。

① 蛇与蜥蜴之头：使身体的颜色鲜艳触目，以引起敌人的恐怖感，从而达到避开被捕食的灾难。鹤顶粉蝶的幼虫遇惊时，高举头部，瞪着似眼镜蛇的双眼使敌人产生恐惧。

② 鸟兽之头：鸱鸮是猫头鹰一类的鸟，鸮目大蚕蛾的后翅上长着一对似鸱鸮圆睁双目的大斑，白天静息时张开前翅，露出双斑，以恫吓小鸟等捕食性动物。

③ 蜇人的蜂类：食蚜蝇有似蜂的大眼和腹部黑黄相间的条纹，形态上起到类似蜂的作用。

④ 蝎子之尾：长翅目昆虫的尾端高举，状似蝎子。

⑤ 拟态有毒蝶类：以蝴蝶为例，模拟其他有毒蝴蝶或蛾子，以避开敌人的捕食。

2. 保护色

使身体的颜色与周围环境的颜色一致，以欺骗鸟类等天敌的眼睛。迁粉蝶幼虫在铁刀木叶片上是全身绿色；在叶上化蛹的，蛹也是绿色；在枯枝上化蛹的，蛹即变成枯白色，与枯枝的色泽相同。变色的机理是幼虫化蛹的时候，从胸部的中枢神经中产生变成与周围环境相同的激素；其次蛹壳中有染色物质，这些染色物质随光线的不同而形成不同的色泽，因此周围背景的颜色决定蛹的颜色。

3. 伪装

象鼻虫、金龟子等遇到突然惊扰，会跌落地面装死。这类

酷似叶片的滇叶䗛

绿色䗛斯

受惊伪装死亡的象甲

昆虫在长期的进化过程中形成的"神经休克"现象，落到地面后起隐藏的作用，等1~2分钟醒来后，若再动这类昆虫时就不会有"昏厥"的现象了。一种取食红花天料木的尺蠖幼虫，会把小花瓣咬断粘到体表，成为与环境协调的小花朵。有的雌性萤火虫能伪装并能闪出另外种类萤火虫的信号，引诱另外种类雄性萤火虫前来并把它吃掉。

白蚁

4. 躲避或隔离

袋蛾的幼虫和蛹都在虫袋中，为避敌最好的方式；很多寄生蜂或鳞翅目昆虫能作茧化蛹，黄裳眼蛱蝶的幼虫叶面取食后躲到根茎处栖息；蝉等土壤昆虫，幼虫长期生活在土壤中；有些鳞翅目昆虫在土壤中化蛹；白蚁在巢穴和蚁路中活动，与外界相对隔绝，以避免天敌的伤害。

5. 度过不良环境

昆虫度过不良环境有两种情况：一种为休眠，常常是由温度过高或过低，食料或氧气不足，二氧化碳过多等不良环境条件直接引起的。休眠时虫态处于休眠状态，当环境适宜该虫活动时便终止休眠，继续生长发育。另一种为滞育，滞育是在长期不良环境作用下形成并由基因控制的适应性反应，昆虫本身已具有一定的遗传稳定性。当昆虫进入滞育后，即使给予好的环境条件也不能解除，需经过一定时间的光照、低温、高温、化

蜉蝣

角盾蝽

学作用等刺激才能解除滞育，恢复生长发育。据研究，光周期的变化是引起滞育的主要因素，一般冬季滞育的昆虫，均以短日照作为引起滞育的信息。

6. 放毒气，排毒液

有些步甲遇到天敌伤害时，会放出有声响和硫黄气味的气体进行攻击，并乘有毒雾的机会逃脱，这种步甲被称为放屁虫。凤蝶幼虫遇袭时，前胸背中央"丫"形的臭角会突然伸出并放出恶臭味，进行御敌和保护自己。一种黄猄蚁遇袭时还会喷出腐蚀性毒液。椿象被称为臭屁虫，臭蝽分泌的臭味有御敌和杀死有害微生物的功能，从而起到保护自己的作用。

7. 发光御敌和器官特化

有些昆虫能突然发光吓跑捕食者；有些昆虫利用发光诱捕其他昆虫为食；蜂类的产卵器特化成螫针；白蚁、蚂蚁的兵蚁上颚特化成保卫器官等。

8. 断肢自救

蚱蜢被天敌捉住时，为了逃命自行断腿；大蚊比一般蚊子大8~9倍，是体形最大的蚊子，但它不吸血，足长超过身体的2倍以上，腿节十分脆弱，受到袭击时常先举足，被天敌咬住便弃足飞跑，以断足自救；竹节虫体断了2节后也能再生。蚱蜢等昆虫断肢再生主要在若虫期或幼虫期，这与该虫期能产生蜕皮激素有关。

螳螂

9. 逃跑

很多昆虫遇到敌害时，快速逃跑是保存自己的最有效方法，蝉、蝴蝶、螳螂等受惊时都能快速逃走。

10. 共生

蚂蚁保护蚜虫，为的是取食蚜虫分泌的蜜，而蚜虫因此而免遭瓢虫等天敌的捕食，这是著名的双利共生。另外，昆虫也有与植物共生共荣现象，金合欢为蚂蚁提供了幸福的家园和美妙的食物，而蚂蚁能为金合欢防御敌人，研究人员将这种关系叫做植物与动物的协同进化。

蚂蚁与曲纹紫灰蝶幼虫共生

二、昆虫百态

我们周围生活着形形色色的昆虫，它们有的美丽诱人，有的外貌丑陋；有的光彩夺目，有的色泽暗淡；有的喜食植物，有的偏爱肉食；有的生性好斗，有的恬静沉着；有的身手矫健，有的笨拙迟缓；有的头大如斗，有的腰细如杆……它们为什么长得如此千奇百怪？它们为什么能引吭高歌？它们为什么会发光发亮？下面就让我们来揭开昆虫精灵们有趣的一面吧！

闪亮狙击手——萤火虫

萤火虫是人们熟悉而又喜爱的昆虫,不少脍炙人口的绝妙佳句也与萤火虫有关。如杜牧《秋夕》中的"银烛秋光冷画屏,轻罗小扇扑流萤",道出了失意宫女生活的孤寂幽怨;又如白居易《长恨歌》的"夕殿萤飞思悄然,孤灯挑尽未成眠",写的是唐明皇在哀思的煎熬中夜不能寐的情景。

穹宇萤 *Pygoluciola qingyu*

萤火虫属鞘翅目萤科,共2 000种左右,其中夜晚能发光的萤火虫约200种,被称为流动的星星和世界上发光最亮的昆虫。

萤火虫发光机理

萤火虫的发光器在腹部的第6节与第7节之间。发光器由数以千计的发光细胞组成,发光细胞周围有供氧的微气管;发光细胞还有一些特殊物质,如萤光酶、萤光素、三磷酸腺苷等。当萤火虫分泌萤光酶催化剂时,荧光素和三磷酸腺苷被激活并与微气管提供的氧气发生氧化反应生成腺苷磷酸而产生光亮。因此,萤火虫发生的光属生物发光,是一种冷光。有的大型萤火虫会发黄绿光,这是由萤光酶的立体结构造成的。

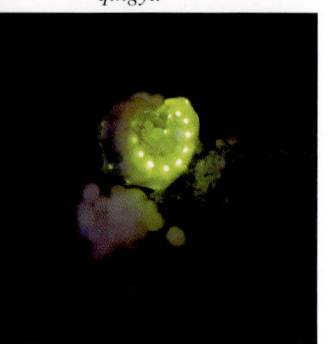

凹眼萤在产卵 *Rhagophthalmus* sp.

萤火虫发光原因

萤火虫发光属性信号,在萤火虫家族中有雌性能发光的,还有两性都发光的。后者通过雄性先发光,2秒钟后雌性发光作为回答,雄虫便可准确锁定雌虫的位置而飞往交配。萤火虫发光还能传达信号,南美洲的一种萤火虫头尾各有1盏灯,头上是红灯,尾部是绿灯,可自行控制红绿灯的开关。当红灯亮起时表示平安,绿灯亮起来时则是向同伴报警,提醒它们赶快躲避。还有一种萤火虫,其雌虫会模仿别种雌虫的"灯语",吸引别种雄虫飞来,然后将其吃掉。有的雄虫为了独占雌虫,会发出同种雌虫的"灯语"把别的雄虫引开。另外,萤火虫发光还有御敌的功能,可吓跑敌人。

垂须萤幼虫 *Stenocladius* sp.

萤火虫冷光利用

萤火虫发光效率非常高,几乎能将化学能全部转化为可见光。由于光源来自体内的化学物质,因此,萤火虫发出来的光虽亮但没有热量,也不产生磁场,人们称这种光为"冷光"。物理学家们认为,这是非常理想的灯光,20世纪40年代,人们受萤火虫发光的启迪发明了日光灯。人工合成荧光素和荧光酶后再合成冷光,冷光不产生火花与磁场,因而在特定的环境中,冷光源有特殊的利用价值。例如在矿井中做照明,不会引起瓦斯爆炸;在弹药库中工作或排除水雷时,用作照明十分安全;医学上将腺苷磷酸与癌细胞结合,然后再测量癌细胞内腺苷磷酸发出光亮的程度强弱而得知癌细胞的发展情况。人们不仅对萤火虫的发光机理及其应用感兴趣,同样对它们的"灯语"也很感兴趣,认为利用"灯语"能为生产服务,是一个很有前景的研究领域。

萤火虫趣闻

(1)萤火虫发光种种。

① 泰国红树林中的一种萤火虫,每分钟可闪光120次,众多萤火虫有规律地一起闪光,已成为热带地区大自然的奇观。

② 牙买加的一种萤火虫,当它们汇集在棕榈树上时,集体发光,整个树就像沐浴在一片火海中,非常壮美。

③ 西印度群岛的一种扁甲萤火虫,体长约5厘米,是发光最亮的萤火虫,发出的光犹似天空的星光,使夜空得到神奇的点缀。

④ 菲律宾的民答那峨岛上,两棵相距约30米的树上,各自群集了数以千计的萤火虫,一棵树上闪光时,另一棵树上熄灭,有规律地交替进行,这数以千计的萤火虫行动一致、次第明灭的现象,构成了萤火虫奇景。

⑤ 南美热带雨林中一种名为飞罗佛的巨萤,发出的荧光特亮,被称为"冒火焰的虫",当地土人捕捉后放在瓶中供室内照明用。

(2)萤火虫独特的取食。萤火虫属肉食性昆虫,以蜗牛、甲壳类和甲虫为食。取食方式十分独特,先用两片钩状颚形成的

橙萤雄虫 *Diaphnes citrinus*

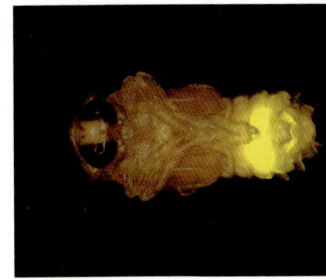

屈翅萤蛹 *Pteroptys* sp.
(萤火虫由饶戈摄)

扣针啄蜗牛,麻醉毒液从弯钩的槽中注入蜗牛体内,再注入消化酶,将蜗牛体内的器官、肌肉溶解成肉汁,然后用口器吸进肚子,行肠外消化的方式。在农业生产中,已有利用萤火虫幼虫来防治蜗牛的危害,并给它们取了"闪亮狙击手"、"闪光部队"等昵称。

大刀将军——螳螂

螳螂若虫

眼斑螳螂

在古希腊,人们把螳螂看成是智慧和力量的象征;在美国,至今仍有许多人认为能看见螳螂会有好运气;在摩洛哥,牧羊人认为在迷失方向的时候,只要看一下螳螂前胸的指向就能找到你所要去的地方;在日本,武士们都在剑上雕铸有螳螂的形象;在中国的武术中,也有我们耳熟能详的螳螂拳。

螳螂的形态

螳螂是一种凶猛的肉食性昆虫,属螳螂目螳螂科,全世界已知有1 800种,我国约40种。其形态特异,是世界上唯一只有1只耳朵的动物;眼睛突出于三角形头的两侧,胸部细长,可与长颈鹿的长颈媲美,自由扭摆转动,十分灵活,是唯一能把头部转360°的昆虫。前足为镰刀状的捕虫足,被誉为"大刀将军",步行时中、后足着地,前足举起,昂首慢行,与马相似,真是"天马行空,独来独往",其自以为是的神态,导出了成语"螳臂挡车,不自量力"。螳螂举起前足时有如宗教礼仪的祈祷,伊斯兰教教徒称它为"宗教信徒",迷信螳螂有未卜先知的

二、昆虫百态
Rendtions of Insects

棕污斑螳 *Statilia maculata*

能力,德语里称螳螂为"祈祷的信女"。

螳螂变色为捕食

螳螂捕食时,体色变成与周围环境相同,这除了保护自己外,还能迷惑敌人。捕捉猎物时常采用伏击的阵势,当敌人接近时,它一跃而上,猛挥镰刀状前足砍去,直至捕获猎物。螳螂捕猎时,虽然目不转睛地监视前方,但只能看到动态的昆虫,看不到静物,因此螳螂只能取食活的昆虫或其他小动物。

螳螂的血腥婚配

螳螂一生经历卵、若虫、成虫3个虫态。成虫交配时雌螳螂回过头吃掉雄螳螂的头部,而雄螳螂不做任何的躲避和反抗,任凭雌螳螂吃掉自己,

雌广斧螳(*Hierodula patellifera*)正在吃交尾中的雄螳螂

三角形的头部是螳螂的重要特征

两种螳螂对视

失去头颅后的雄螳螂还可继续交配。

这种奇异的婚配现象着实吓人，由此引发人们遐想，有人赞美雄螳螂为了爱情贡献了自己的生命，是伟大的，还有人说这是雌螳螂为了补充营养，等等。目前主要有以下几种猜想：

（1）补充营养说。有人认为雌螳螂为了产出饱满的卵和健康的后代，需要很多蛋白质，吃掉交配中的雄螳螂是为了补充蛋白质的不足，是昆虫世界中一种有利种群繁衍的方法。但笔者发现交配结束后雌性并没有继续取食，任雄性尸体滚落地面。

（2）充分受精说。动物行为专家研究后认为，雄螳螂性行为的控制中心在头部，而失去脑袋后，抑制机能随之消失，精液就会全部流入雌螳螂体内，确保卵子受精；也有人认为螳螂性行为由胸部和腹部的神经节控制，与脑部无关。

（3）基因控制说。持该观点的人认为，这是螳螂的"自私基因"在起作用。动物世界里，我们仅见到的就有一百多种昆虫存在亲情残杀、互相吞食的现象，这种吞食不在乎周围是否有食可取。究其原因，这是某些昆虫种群特有的本能及其在进化过程中形成并由遗传基因调控的习性。因此，这是遗传和生物的进化现象。

螳螂与生态

螳螂习性凶猛，被视为昆虫世界的猛虎。除侵袭吞食各种昆虫外，南美洲的一种螳螂还攻击小鸟、蜥蜴、蛙类等小动物，但它本身也常是鸟类和其他动物的捕食对象，卵常被卵寄生蜂寄生。"螳螂捕蝉，黄雀在后"的古谚，也揭示了自然界生物之间互相依存的食物链、食物网络的平衡关系。

螳螂与人类

螳螂属肉食性昆虫，有选择地捕食各类昆虫，其中以农林害虫为主，因此，属益虫的行列。螳螂产卵的卵鞘，为海绵状物，由母体分泌的液状物凝固而成，往往牢固地黏附于树枝等上，称螵蛸。附在桑树上的称为桑螵蛸，有益肾、固精的作用，中医常用来治疗遗精、白浊、赤白带下、老人尿频、小儿遗尿等症。螳螂独特的形态及灵活易转的关节，可使设计师受到创新思维的启迪。

空中精灵——蜻蜓

唐代杜甫《曲江二首》："穿花蛱蝶深深见，点水蜻蜓款款飞"，描写了蜻蜓在水面轻盈翻飞的夏日美景；老舍《四世同堂》："那点悔意像蜻蜓点水似的，轻轻的一挨便飞走了"。蜻蜓那"小憩钓鱼竿"的姿态和"款款飞"的点水动作，为诗画留下了不少情意。

交配中的琉球橘黄蟌
Ceriagrion auranticum

古老的蜻蜓

蜻蜓属蜻蜓目，分差翅亚目（蜻蜓）和均翅亚目（豆娘），世界已知的种类超过5 000种。蜻蜓是古老的昆虫之一，根据化石考证，它在3.5亿年前已出现了，当时森林中出现的蜻蜓翅展超过两米，后来在二叠纪末期地质历史时期中最大规模的生物灭绝事件中消失。

蜻蜓点水为产卵

蜻蜓成虫生活在陆地上，幼虫生活在水中，属两栖生活的动物。因此，"蜻蜓点水"就是把卵产到水中的习惯飞行动作。

黑色蟌 *Calopteryx atrata*

大蜓 *Anotogaster* sp.

有时雄蜻蜓担心雌蜻蜓产卵时落水,于是用它的尾尖钩住雌蜻蜓的头部,拖着雌蜻蜓在水面上产卵,甚为奇特。

蜻蜓

蜻蜓的生态行为

蜻蜓产在水中的卵孵化后的幼虫叫水虿,经10次以上蜕皮才能变成蛹,蛹羽化为成虫,因此,它在水中的生活长达2~3年。豆娘又称"蟌",体型细小,色泽鲜丽,稚虫在水中生活1年多便发育为成虫。水虿的鳃在肠子里,所以用肠子来呼吸,它在水中捕食其他水生小动物时非常灵敏,遇敌害时会用尾尖猛喷水,飞速逃离敌害。

蜻蜓趣闻

(1)体型最大的蜻蜓。产于加里曼丹岛的蜻蜓(*Tetacanthagyne piagiata*),体长108厘米,翅展达19.4厘米,是世界上体型最大的蜻蜓。

(2)蜻蜓每小时可飞行90千米,是飞行最快的昆虫之一。

(3)蜻蜓椭圆形的复眼面积超过头部的一半,由10 000~28 000个单眼组成,为动物界复眼中单眼最多的虫种。

(4)蜻蜓仿生学的利用。

① 在飞机上的应用。蜻蜓飞得快而远,能倒翻飞、侧身飞、

倒退飞、垂直上升飞。蜻蜓的翅膀平行伸展，状似飞机，科学家根据蜻蜓的形态设计了飞机。蜻蜓在飞行中可悬空定位，原位不动；以超过10米/秒以上的速度飞行时仍可进行180°的大转弯而翅膀不会折坏，其原理是前翅中央有一块坚硬的大黑痣起作用。科学家从中得到启迪，在机翼的相应部位进行了加厚，起到减少颤动、保持平衡、提高安全系数、加快飞行速度的作用。

② 在照相机上的应用。蜻蜓是动物界复眼中单眼最多的虫种，每个小眼都有视觉功能，其中上面的单眼专视远处，下面的单眼专视近处，使远近景物都能获得清晰的图像。由单眼组成的复眼虽然视力较差，但对移动的物体反应非常灵敏，在每秒10米的飞行速度时，可在0.01秒内发现并捕获飞行的蚊子。科学家依据蜻蜓复眼独特的构造原理制成复式照相机，一次能拍摄几千张重复的照片。

朱背齿原蟌 *Prodasineura croconata*

只有一天快活的"盈盈倩女"——蜉蝣

古希腊哲学家亚里士多德曾描述过一种"奇特的无血动物"，说它们从黑海附近地区冒出来，一天之后便死去，他将这种动物取名为"ephem eron"，意思是"只有一天生命"，这种昆虫的中文名称就叫做蜉蝣。

红蜉蝣

灰蜉蝣

各类昆虫寿命的长短差异很大，这种差异表现在有的种在成虫期存活的时间特长，有的种则幼虫期存活期长。蜉蝣属蜉蝣目，蜉蝣的幼虫在水中存活2~3年，体内有7对功能发达的过滤器官，能消化水中的有机质，成为净水能手；它本身又是鱼类的好饲料，所以有蜉蝣的水域鱼肥水净。幼虫成长后浮到

蜉蝣 *Ephemera* sp.

蜉蝣

水面或水边的石头上羽化为亚成虫,又经24小时蜕皮后成为成虫。蜉蝣的成虫很美,娴雅轻盈,体态柔美,犹如身披轻纱的倩女。成虫羽化时,体内的2 000~3 000个卵已发育成熟。蜉蝣成虫口器退化,不需取食和饮水,在空中飞舞中交尾,产完卵就死亡,其产卵过程只经历数小时,最多也只有1~2天,未交尾的成虫可存活6~7天。所以,成语中用"朝生暮死"来形容蜉蝣成虫生命的短暂。

昆虫世界的"男高音"——蝉

每年夏天,蝉们就在树梢上开始了它们的演唱会。树上虽然看不见蝉的身影,但茂盛的枝叶中,蝉声鼎沸,从清晨到黄昏,一刻不停。即使大雨暂时阻止了它们的演奏,只要天一放晴,它们立即就会喧嚣起来。

蝉的生态行为

蝉又名"知了",属同翅目,是第四纪冰川后保留下来的一类古老昆虫。初夏它的叫声可用"震耳欲聋"来形容,其中黑蚱蝉发出的声音在1千米以外就能听到,被誉为世界上叫声最响的昆虫。雄蝉的发音器在腹部腹面第一节的两侧,状似半圆形的黑色盖板；雌蝉无叫声。有人认为雄蝉发出叫声是为了寻找情侣，但我们常发现诸多雌雄蝉并排停息在一起时，叫声依旧。因此，这种鸣叫声除吸引异性、向同类发出警报外，更多的是蝉的生物学特性之一，属本能。

不同的蝉发出的声音是不同的。蝉的视觉发达，听觉迟钝，受惊时会射出一泡尿后飞走。蝉的上、下颚形成刺状吸管，插进嫩树干或树枝吮吸树汁。依据这现象，古代论及蝉时，称其"饮而不食"。我国产的成虫寿命较短，大多1周左右，少数3～4周。雌雄交配后，雌蝉用凿孔器在树干上凿孔产卵，卵孵化后幼虫落到地面钻到地下深处生活，幼虫期4～6年。在印度，有一种蝉的幼虫在地下生活9年，而美国东部地区的一种蝉，地下生活期达13～17年，被称作17年蝉，是目前已知幼虫期最长的昆虫。

刚羽化的蝉

蝉与人类

从古至今，蝉是美食和中药，蝉壳内服可降热及治疗失音妇女病、淋病等；外涂治肿毒、耳病、脱肛等。被真菌寄生的蝉体，称蝉花，属于冬虫夏草类的一种，是名贵的中药。

红蝉刚羽化

刚羽化的蝉

牛气十足的"锯树郎"——天牛

天牛是人们熟知的一类昆虫。不少人在孩童时期，对它们兴趣浓厚，曾经观察或捕捉过天牛。有趣的是当你抓住它时，它会发出"嘎吱嘎吱"的声响，企图挣脱。若在其腿上缚一根细线，任其飞翔，还能听到"嗡嗡"之声呢。

天牛偏爱木纤维

天牛属鞘翅目天牛科，其体形与触角状似牛，故取名天牛。天牛触角有的短于体长，有的超过体长。长角天牛的触角超过体长的5倍，是触角最长的天牛。天牛成虫产卵时用尖锐的嘴在树枝上咬成缺刻，将卵产到缺刻内后并用粘胶封口，以防其他天敌取食或寄生；卵孵化后幼虫在韧皮部取食一段时间后深入到木质部不断钻洞筑路。天牛肠胃中有鞭毛虫，它产生的多种纤维酶素互相协调能将纤维素分解成葡萄糖及其他产物，为天牛和鞭毛虫自身提供营养物质。正因为天牛能把钻洞时挖出来的木纤维作为食物，因此人们形容天牛为"锯树郎"。

天牛的生态行为

法国昆虫学家法布尔对天牛进行了细致的观察与试验，发现天牛幼虫没有视觉，这与天牛的生活环境有关，漆黑的坑道中视觉对它已失去意义，同理天牛幼虫也没有味觉与触觉。

天牛幼虫在树中经历1～3年后变成成虫，从树中爬出，进行补充营养和交尾产卵。幼虫期，便按本能对未来成虫出洞做了精心准备，老熟幼虫挖好出洞的通道，该通道直至皮层并只留很薄的一层，成虫羽化时只要头一拱洞门便开。在洞口下边做好一个大于虫体的蛹室，蛹室的外面为木屑，内层为壁毯，化蛹时幼虫还在头上方吐出硬而黏碎的石灰质并粘成易碎

一紫绿天牛 *Chelidonium acceasum*（Grestitt）

眉斑并脊天牛 *Glenea cantor*

黑天牛

的保护盖，头部对准出口的洞门，不然，成虫羽化时会因不能转身而死亡。

天牛与食物链

天牛生活在树中，隐蔽性和保护性都很强，但在森林中它的种群密度始终保持在一定的水平上，这是天牛天敌控制的结果。

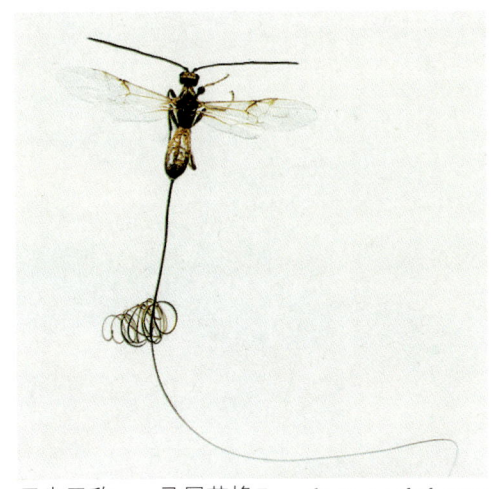

天牛天敌——马尾茧蜂 *Euurobracon yokohamae*

啄木鸟叩树的咚咚声响彻林间，它能准确锁定天牛在树中的位置后用嘴凿开树皮和木质部，将天牛肥嫩的幼虫作美餐；病原微生物如白僵菌、绿僵菌、细菌和病毒等都可使天牛感病而死亡；肿腿蜂很小，能从天牛排粪孔的细小空隙中钻进天牛的坑道中，将卵产到天牛幼虫的体内；马尾茧蜂的触角，通过探测寄主排出粪便的气味找到天牛幼虫并锁定其位置，另外马尾茧蜂有很长的产卵管，可从天牛幼虫排粪孔的细小空隙中插入，刺至天牛幼虫体内产卵一粒，并将其麻痹，使它不能蜕皮，卵孵化后就取食幼虫的肌体。

生物界在进化过程中形成的这种互相依存和相克的关系，似乎是上帝专门设计的，真令人拍案叫绝。这就是大自然的生态平衡！

当之无愧的"大力士"——蚂蚁

法布尔先生曾做过一次有趣的试验。他把一支点燃的蜡烛放在巢的顶部，蚂蚁约在一分钟后觉察到"火警"。开始时，它们来回奔忙显得惊慌失措，接着，仿佛商量好了似的，无数的蚂蚁勇敢的爬上燃烧的烛芯，分泌出蚁酸进行灭火。一些蚂蚁"牺牲"后，无数的蚂蚁又冲上去，约一分钟后，蜡烛的火苗被扑灭。

蚂蚁群体分工

蚂蚁属膜翅目蚁科，全球约11 000种。蚂蚁栖息的蚁巢有

红头黑蚁

的建在树上,有的建在木缝中,但大多数建在地下,估计地下筑巢的不止5 000种。每种蚂蚁的蚁巢都有自己特有的形态,一种切叶蚁的蚁巢被称为世界上最大的蚁巢,大小似人居住的房间,面积可达6平方米,深达10.7米。

每个蚁群由繁殖蚁、工蚁、兵蚁组成,有翅繁殖蚁指蚁后和雄蚁,一个蚁群有1~50个蚁后,雄蚁则很多。无翅工蚁和兵蚁无生殖能力,其中工蚁担任觅食、服侍蚁后、饲育幼蚁、修建蚁巢、警卫、卫生等大量劳动;兵蚁体壮善斗,它用镰刀状的颚搏杀,战斗时"视死如归",起保卫蚁群安全的功能。

蚂蚁的嗅觉灵敏,通过互相发送和接收信息,协同搬运食物、逃避危险和作战等群体事宜,这种信息或气味具有神奇而特殊的功能,使一群数万只蚂蚁协调行动,类似人类大脑的指挥功能。蚂蚁还可释放一种有特殊气味的菲罗蒙素作为标记物质,使其能远距离觅食后返巢。

蚂蚁趣闻

(1)蚂蚁是世界上数量最多的一类昆虫。蚂蚁繁殖力惊人,蚁后有的可活7年。一个群体的蚂蚁多达50万个,全世界所有昆虫加起来的数量没有蚂蚁多。

(2)蚂蚁是力气最大的昆虫。蚂蚁力大无比,能举起自身重量52倍的物质;支撑自身重量300倍的重物;拉动30倍于其自身体重的物体。

蚂蚁常见的觅食方式是找到食物后能搬则搬,不能搬的,就召唤同伙一起搬。但有的蚂蚁搬运的方式十分独特,如长足蚁,把找到的食物巧妙地

大黑蚁及其卵

放到枯叶上拉运,此方法比食物吞食后贮藏于嗉囊内,回巢后再吐出来的效率高出十多倍。

(3)攻击速度最快的蚂蚁。产于哥斯达黎加的大齿猛蚁捕食合嘴时所用的时间为0.13毫秒,比人类眨眼速度快2300倍,是地球上攻击速度最快的动物。

黄猄蚁与梅氏多刺蚁的残杀

(4)遇到危险能高飞远走的蚂蚁。蚂蚁合嘴时产生的力量能把自己带至8厘米的高空,并落到40厘米外的安全地带,帮助其逃离危险。

(5)懂得播种和收获的蚂蚁。北美洲的一种"收获蚁",把类似燕麦的蚁米种子,在播种季节从蚁巢中搬到巢外种植,待果实成熟后搬回巢内供食用和留种。巴西等国的切叶蚁将选定的树叶切碎后搬进蚁巢的"蘑菇房"内,然后在其上排泄粪便。不久,"蘑菇房"长出蘑菇,切叶蚁前来咬破子实体,吮吸含丰富蛋白质的黏液。年轻雌蚁筑新家时不忘将带孢子的蘑菇碎片带上,在新家中种上。有趣的是,这种小型蘑菇只生长在切叶蚁的巢中,靠切叶蚁繁殖后代。

(6)与能分泌蜜露的昆虫共生。常见到有的蚂蚁与曲纹紫灰蝶幼虫或蚜虫生活在一起,蚂蚁吮吸这类昆虫分泌的蜜液并保护它们免遭其他动物的侵害。

蚂蚁绝大多数是令人可怕的捕食者,但在防卫森严的蚁穴深处,除有提供蜜露而共生的昆虫外,还有多达数千种嗜食甲

黄猄蚁 *Oecophylla smaragdina*

紧纹双刺猛蚁
Diacamma rugosum

虫,这些甲虫为了在蚁巢这一特殊环境中生存而进化成能释放模拟蚁巢的化学信息或自己在蚁巢中埋起来骗过蚂蚁;有的体上密被硬的长毛,抵抗蚂蚁的攻击;有的遇到危险,可快速逃生。

(7)最凶残的肉食性游蚁。美国一种夹颚蚁,颚大而坚硬,咬植物种子或动物的肉十分容易,其他蚂蚁或小动物见了它十分害怕,唯有快逃,否则被吞食。

南美洲热带森林中一种食肉行军蚁,可谓"世界一霸",为寻找食物来源,不断行军迁移,每天出动数万只,所到之处,蛇等大小动物尽被食尽。

同样凶残的还有分布在印度及北非的一种流浪蚁,随时排成6~10路纵队,颇有横扫一切动物之势。

(8)咬人的红火蚁。前几年从美国传入我国广东、湖南的红火蚁,每个蚁群约22万只,人被咬会引起红肿甚至溃烂,目前已得到有效控制。

(9)蓄养"奴隶"的蚂蚁。有的蚂蚁十分好斗,常为争夺食物、蚁巢、生存空间或争夺奴隶而拼死搏斗,用颚互相撕咬或喷毒液杀死对手。美洲的却蚁和欧洲的悍蚁成群去袭击大黑蚁的巢穴,杀死大黑蚁后将幼蚁劫持到自己的巢内逼其做苦役。

(10)会送葬的蚂蚁。在山野或乡村常见两大群蚂蚁排成长阵在一起厮杀,过后在地面上留下的可谓"陈尸百万"。非洲北部的沙蚂蚁,在战争结束后,抬起"阵亡将士"送往墓穴,并用沙粒埋葬,看似悼念和送葬。

(11)蚂蚁能控制性别。芬兰生物学家松史托姆教授认为,为了保持巢内性别比例平衡,雌蚁可能通过雌卵和雄卵表面化学成分的不同而识别,并将绝大多数雄卵消灭,目的是保护种群繁衍。另外,为了保持巢内虫数平衡,需要一些雌蚁放弃繁殖机会变成"中性蚁"而倾力哺育其他雌蚁产下的后代。中性蚁的产生,是由蚁群中一些寄生虫群使雌性正常性激素分泌发生紊乱而造成的。这种寄生虫与其寄主(雌蚁)之间互相关系及其调控是自然界生态平衡的有趣现象。

蚂蚁与人类

蚂蚁与人类关系密切。蚂蚁帮助植物传播种子和花粉;同时又是治虫能手，但往往与蚜虫、介壳虫共生，因为蚂蚁喜食它们的蜜露。有些种类的蚂蚁营养丰富，含有对人体起保健作用的成分，既可食用又可药用。蚂蚁能积蓄力量，然后在瞬间释放出来，这一原理可用于开发机器人。

辛勤的"园丁"——蜜蜂

1943年奥地利动物学家卡尔·冯·弗里希发表了他对具有提醒同伴功能的蜜蜂摆尾舞的研究。如果蜜蜂是绕着圈跳，说明食物就在附近；如果是摇晃着身体跳，则说明食物还比较远。

养蜜蜂历史悠久

据记载，我国养蜂已有近3 000年历史，史料上虽然没有找到更早的证据，但由于养蜂比养蚕简单，周尧教授考证后推测养蜂业可能早于养蚕业。

中华蜜蜂 *Apis cerana*

新蜂王产生规则

蜜蜂属膜翅目蜜蜂科。一群蜜蜂中只有一只蜂王，其余是工蜂和雄蜂，蜂王和雄蜂在空中完成交配后雄蜂即死亡，工蜂寿命也不长，蜂王可活3～5年。蜂王与工蜂都是雌性，只有卵

在蜂巢上的蜜蜂

产在"王台"里的卵才能发育成蜂王,因"王台"里的蜂乳要比一般蜂房里的蜂乳高出200~300倍,基因调控与良好的营养成为发育成蜂王的条件。新蜂王诞生后,咬死原蜂王的幼虫,自己带着雄蜂飞走并进行交配活动,交配后返回蜂巢。若原蜂王老了,就被工蜂处死;若原蜂王还算年青,则原蜂王就携带一部分工蜂和雄蜂另筑新巢。蜂王令整个蜂群为它效劳的关键是在它的颚腺中有一种特殊的化学物质。刚死的蜂王,只要这种物质还存在,工蜂还会簇拥在它的周围。工蜂数量多,相互间分工明细,各司其职。有专门寻找蜜源的"侦察蜂";有专门采蜜的"外勤蜂";有专门守卫蜂巢的"警卫蜂";有专门制造蜂蜡及蜂窝的"建巢蜂";有专门侍候的"内勤蜂",他们把摄入的花粉和花蜜在体内转化为蜂乳,喂养蜂王、幼蜂和雄蜂。

蜜蜂蜇人后为何会死亡

蜜蜂的刺针实质是雌蜂的产卵管,由第8腹节、第9腹节特化而成,刺针口连通毒腺成为注射毒液的蜇刺。遇敌害时,蜇刺伸出体外,刺入敌害体内,注入毒液。蜂王产卵管上无倒钩,刺入后能把产卵管拔出;工蜂刺入后,由于刺针上有倒钩不易拔出,拔出时连同在腹部的心脏一起被拔出而死亡。

蜜蜂视觉导向功能

蜜蜂外出采蜜时,利用太阳偏振光作为定向器进行导航,并用视觉信号来传递信息。"侦察蜂"回来后,通过跳"摆尾舞"和"圆圈舞"表示蜂窝和蜜源间的距离,通过直线运动来表示蜂窝、太阳与蜜源植物的关系,用头部朝向、转折角度指示蜜源的方向,还能对太阳方位的变化进行时间矫正。可见,蜜蜂具有太阳罗盘的功能并通过上述行为在群体内进行信息传递。

蜂毒的危害与利用

蜜蜂、胡蜂等蜇针上排出的毒液称之为蜂毒,其成分复杂,有麻痹神经的胺类化学物质、引起疼痛的肽类化学物质等多种元素。人被蜇后会引起被蜇部位红肿、疼痛,严重者甚至死亡。蜂毒致命的原因大多与过敏反应有关,有过敏反应的人约占20%,其中妇女、儿童和老人易敏感。

人被蜂类蜇刺后,必须立即拔出蜇针,然后吮吸毒液,用冰敷在蜇伤部位,再用20%～80%的酒精,或含5%～10%碳酸氢钠溶液的肥皂水,或3%的氨水溶液涂擦患处。野外遭蜂类蜇刺,可用尿液搽洗,严禁用热水敷,以防毒液扩散。

从古埃及文化时期起,人们就运用蜂毒治病。目前,不仅用于治疗风湿性疾病,还用于治疗血液循环系统障碍、神经官能症、口腔病、急性神经炎、高血压、心绞痛、皮肤病等。随着世界各国对蜂毒作用研究的深入,蜂毒将更好地为人类的健康作出贡献。

蜜蜂与人类

蜜蜂是最勤劳的昆虫,它生产一茶匙的蜂蜜需采集2 000朵花的花蜜,一只工蜂一生只能生产约1/12茶匙的蜂蜜。蜜蜂对人类的巨大贡献,首先表现在采蜜时的传粉上,它使植物得以完成受精过程,农作物获得丰收,生态系统保持稳定。

由于蜜蜂和人类的密切关系,我们把它看作勤劳、无私、协作和友爱精神的典范。人们模仿蜂巢六角形的架构设计,使建筑物具有面积最小而容量最大的特点,从而使大型建筑物坚固、美观,并节省了材料。人们还根据蜜蜂的导航本领,制成了导航的偏光天文罗盘。

蜜蜂采蜜

樱花上的蜜蜂

大自然的"清道夫"——蜣螂

当你到郊外乡村游览时,在田边路头,常可发现滚动着的粪球,仔细瞧瞧,原来是一种叫蜣螂的昆虫在搬运。这对"夫妻"通力合作,一般雌虫在前,雄虫在后,配合默契,这一拉一推,粪球就向前方慢慢滚动。

蜣螂以动物的粪便为食料,又名屎壳郎、推粪虫(最会推粪球的昆虫),属鞘翅目粪金龟子科,我国主要有黑扁蜣螂、北方蜣螂、神农蜣螂和大蜣螂。

蜣螂是大自然的清道夫

蜣螂清除牧场和大自然其他生境中的动物粪便,成为清粪功臣,粪便埋入土中后,促进植物和牧草的生长,避免滋生苍蝇和传布疾病。蜣螂为净化环境作出了有益的贡献,被誉为大自然的"清洁工"。蜣螂在泥粪中出入,但我们见到的蜣螂都比较干净,真是污而不染,经研究,它的体表有静电排污功能。

蜣螂夫妻的"精神美"

成虫偶居生活,严格实行"一夫一妻制",有趋光性,喜晚上活动和交尾产卵。成虫在粪堆下垂直打洞,打到一定深度后还打若干个支洞,将粪滚成球运至土室中作为食料,有的粪球置于育室中。粪球经推、滚的过程后,表面硬度均匀、球形完美。若粪堆下土质硬,则雌雄虫共同推滚粪球至附近的松土地带。在推粪球的过程中,雌雄虫争着干脏活、重活,虽经历艰难险阻和曲折,但仍执著向前,这种为下一代生存和幸福,雌雄共同奋斗、不畏艰辛的精神,昆虫学家法布尔赞誉其为夫妻生活的"精神美"。把粪球埋于土中,一般一个粪球产卵一粒,一只雌虫产卵50粒左右。成虫寿命50多天,卵孵化后初龄幼虫以粪球为食至幼虫老熟,老熟幼虫在土室中化蛹,约1个月羽化为成虫,一年或两年一代。

神农蜣螂（*Catharsius molossus*）夫妻在合力推粪球

殷勤的"殡葬师"——埋葬虫

你有没有注意观察过野外路边躺着的死鸟，过一天就不见了？其实是埋葬虫把它掩埋了。埋葬虫是一种黑色或黑色带红斑的甲虫，它们闻到死鸟的气味，就从四面八方爬来或飞来，团团围住死鸟，并挖土把死鸟埋在土里。

埋葬虫属鞘翅目埋葬虫科，我国常见的埋葬虫有四斑葬甲、花葬甲等，属完全变态昆虫。

成虫夜间活动和交尾产卵，卵产于地下的腐尸中。幼虫孵化后以腐尸为食，老熟幼虫在土中筑土室化蛹。

埋葬虫嗅觉灵敏，闻到动物尸体的臭味后便群集于尸体处，用它们有开掘功能的前足挖土掩埋尸体供食用。若遇到尸体有枝条或植物的茎支撑时，便咬断这些支撑物使尸体落至地面；若尸体下遇到硬土质无法掩埋

橙斑葬甲 *Nicrophorus nepalensis*

的话，它们合力把尸体朝天翻过来，推到土质松软的地方埋起来；遇到尸体大而推不动时，会寻找同伙帮忙；遇到较大型的动物尸体，常群集于尸体内取食。埋葬虫清除了林地、田园中的动物尸体，净化了环境。尸食性昆虫除了埋葬虫，还有金龟子科、隐翅虫科、球蕈甲科等多种昆虫。

轻音乐演奏家——螽斯

螽斯是昆虫"音乐家"中的佼佼者。螽斯最突出的特点就是善于鸣叫，其鸣声各异，有的高亢洪亮，有的低沉婉转，声调或高或低，或清或哑，或如潺潺流水，或如急风骤雨，宛如大自然中一尘不染的美妙音符和旋律。

螽斯属直翅目螽斯科，成虫触角细长，长度超过体长，前足胫节上一白色卵形构造是听觉器。雄虫背部有一鞍状发育器官，震动此鞍状可发出各种动听的鸣叫声，因而螽斯常被人笼养玩耍。

花螽斯 *Exora apicalis*

螽斯奇特的交尾方式

螽斯属不完全变态昆虫。成虫的交尾方式十分奇特，交尾前雌性螽斯主动把雄虫打翻仰卧在地，雌虫压在其上紧紧勒住后交尾。有的雄虫小心翼翼的钻到雌虫的身下，然后伸直身体仰卧，紧抱雌虫的产卵管与之交尾。交尾后放出一个较大的精液泡，此泡是螽斯繁殖过程中又一奇特现象，精液泡一般有四个口袋，上面两个较小，下面两个较大，雌虫便带着精液泡寻找适宜的胚胎发育场所。有时雌螽斯会把与之交尾的雄螽斯吃掉。

雌虫的产卵管弧形上翘，状似马刀，产卵时产卵管刺入土中，刺插1次产卵1粒，产完卵把小洞填平，一雌虫产卵40～60粒。

蝈蝈的鸣虫文化

蝈蝈属螽斯科的一种，喜鸣叫，各地将它作为宠物饲养。将鸣虫作为宠物，是我国一种独特的鸣虫文化传统。不同种的螽斯生活习性各异，蝈蝈喜栖息在杂草灌木丛中，日夜鸣叫，白天高温时鸣叫声更响。树螽喜在枝头一边晒太阳，一边鸣叫，悠然自得，当发现不安全因素时，可调节前翅与身体的角度来改变摩擦发生的方向和强度，从而转移天敌的注意力和定位。宽翅螽斯选择阴凉的灌丛，鸣叫声抑扬顿挫，持续约半个小时。螽斯的体色都与环境一致，翅脉与叶脉相同，不易被天敌发现，以利于保护自己；其上颚发达，取食蔬菜、水果、嫩茎、嫩叶，有的种还捕杀蝉、蚂蚱等昆虫为食。

巨似叶螽 *Pseudophyllus titan*

悦鸣草螽 *Conocephalus melas*

格斗将士——蟋蟀

蟋蟀俗称蛐蛐，许多小朋友都玩过，特别是在农村长大的人们，几乎都玩过蛐蛐。蟋蟀格斗起来的那种经得起创伤，忍得住伤痛，顽强拼搏的精神，和"将军战死在疆场，凛冽不屈壮志酬"的气概，正是斗蟋蟀活动的独特魅力所在。

斗蟋 *Velariflctorns* sp.

天下第一斗虫

观赏蟋蟀在我国已有悠久的历史和丰富的文化内涵，蟋蟀是昆虫的格斗将士，被誉为"天下第一斗虫"。斗蟋在我国分布很广，斗蟋蟀的玩法源远流长，延绵千年而经久不衰。古代的斗蟋蟀上至帝王将相，下至黎民百姓，文人墨客则"听其鸣，可以忘倦；观其斗，可以怡情。"斗蟋蟀成为修身养性和陶冶情趣的娱乐，形成我国独特的斗蟋文化。东南亚有些国家盛行斗蟋蟀大奖赛，美国、德国等也常举办"斗蟋蟀擂台赛"。蟋蟀的鸣声清脆悠扬，悦耳动听，素有"田园歌星"之美誉，自古受到人们的喜爱。

蟋蟀的耳朵着生在足上，鸣叫声也发自足部，只有雄蟋蟀会鸣叫。

大蟋蟀的生态行为

大蟋蟀属直翅目蟋蟀科。成虫体长约4厘米，成为"蟋蟀之王"。化石中的大蟋蟀，翅长达5厘米，说明古代的大蟋蟀更大。大蟋蟀为穴居性昆虫，一穴一虫，7～8月为成虫交尾期，雄

大蟋蟀（*Brachytrupes potentosus* Lichtenstein）是我国最大的蟋蟀

虫进入雌穴交尾，雌虫就在穴中产卵至孵化为1龄若虫，以2～3龄若虫越冬，来年2～3月恢复活动，蜕皮7～10次后变为成虫，一年1代。

大蟋蟀的鸣叫声和善斗，与蟋蟀类同，所以有人将大蟋蟀以蟋蟀类似的方法进行竞斗和观赏。大蟋蟀在天气闷热或久雨初晴的夜晚出穴多，常将咬断的植物拖入穴中取食，进穴后把洞口用松土封住，有松土就是它在穴内的标记。穴的深度以土质而定，大多1米左右，在洞口附近还有一个逃跑孔。

模范丈夫——蝽

蝽类家族中的负子蝽，家庭生活独特而有趣，"夫妻"常常形影不离，生儿育女分工明确，配合默契。雄虫常背着雌虫，在水中悠闲漂游，捕食任务也由雄虫担任，"妻子"则坐享其成，真可谓"模范丈夫"。

蝽类臭腺功能

蝽类属昆虫纲半翅目，几乎所有半翅目昆虫都分泌具有强烈刺激气味的臭腺。当其安全受到威胁时会在极短的时间内，从尾部喷出含对苯二酚和过氧化氢的臭气，并发出令敌害惊吓的"噼啪"之声，所以人们常称之为"放屁虫"、"臭大姐"。臭腺是半翅目昆虫的主要特征之一，成虫臭腺的开口一般在后胸或腹部腹面的最前端，若虫的臭腺位于腹部背面中央。

大多数蝽类昆虫的臭腺具有防御小型脊椎动物和无脊椎动物的作用；土栖性蝽类，臭腺分泌物能抑制土壤中的一些微生物；水中生活的蝽类臭腺的分泌物分布在体表而具防水功能。同种蝽类的臭腺分泌物具有报警或发出交配信

紫蓝丽盾蝽 *Chrysocoris stolli*

茶盾蝽若虫 *Poecilcoris latus*

粉黄丽盾蝽（*Chrysocoris* sp.）的护卵母爱

负子蝽（*Spaerodema rustica*）的护卵父爱

号的功能。

蝽类的母爱与慈父

蝽类昆虫有些虫种具有特别的产卵方式，一种灰蝽象产卵后母虫伏在卵块上保护卵的安全，卵孵化后还率领初龄若虫集体行动。昆虫界的这种母爱属本能。生活在池塘中的一种负子蝽，雌雄形影不离，雄虫背着雌虫在水中游逛，并捕食喂养雌虫。待交配后，雌虫为防卵被鱼或其他生物吞食，把卵产在雄虫的背上，每次产卵约50粒。产卵后雌虫离去另觅新欢，雄虫则背着卵在水中生活，不辞劳苦地背负着下一代直到卵孵化，若虫可以自由行动后才脱离，由此得名负子蝽，堪称昆虫世界的模范丈夫与可敬的慈父。

蝽类属刺吸式昆虫，植食性蝽类将锥状刺吸式口器刺入叶内，吸取植物汁液；捕食性蝽类将口器刺入小动物体内吸食肉汁。

游泳健将——龙虱

龙虱营养丰富，是我国民间传统的药食两用昆虫，含有人体所需的多种氨基酸和微量元素，能调节和改善人体机能，有较好的强体滋补功效。近年来，随着品奇尝鲜之风的推波助澜，龙虱成为老饕们的美味佳肴。

龙虱属鞘翅目龙虱科，属完全变态昆虫。龙虱成虫为咀嚼式口器，有前胃和嗉囊，能捕食鱼苗、蝌蚪等。雄虫前足端部三节平扁状，顶端有大小吸盘，用以交尾时捉抱雌虫。成虫在水面交尾，卵成堆产在水草上，约经2周时间孵化。幼虫约30天经4次蜕皮，老熟幼虫离开水生环境在岸边掘洞作蛹室，2~3天后蜕皮变成白色的裸蛹，约经2周，蛹羽化为成虫，再经1周鞘翅变硬，成为既能生活在水中又能在空中飞翔的两栖昆虫。成虫寿命长达1年，1~2年为一个世代。

黄缘真龙虱 *Cybister bingalensis*

龙虱行体外消化

幼虫捕食水中孑孓、鱼苗、小生物等。幼虫取食方式特别，不是用口器噬咬而是吞吸。它由上颚、下颚合成锐利的钩状细管，当捕捉到小生物后，钩状细管刺入体内，注入能溶解小生物肌肉和内脏的胃液，进行体外消化后吞吸。

龙虱幼虫与成虫在水中的呼吸机理

龙虱幼虫的腹末有连气管的气门，腹末长尾毛有鳃的功能，吸收水中的氧气，尾端露出水面时可排放呼吸用过的废气。

成虫在水中呼吸的机理与幼虫完全不同，气管开口在腹部末端，吸足空气后，腹部气管膨胀形成"贮气罐"，当"贮气罐"里氧气用尽时腹部下凹，使腹部和鞘翅之间形成第二个"贮气罐"。当第二个"贮气罐"里的氧气用尽时，能巧妙地从鞘翅下挤出一个气泡，由腹部末端带着游泳，把气泡中的二氧化碳排到水中。如果气泡里的氧气比水中的少，只要气泡中有氮气，根据空气的氮氧比例（氮约为78%，氧约为21%），水中的氧气不断补充到气泡中成为水下稳定的"氧气瓶"，由腹末将氧气吸到腹内供呼吸用。当气泡中氮气很少时，龙虱把腹部末端伸出水面，呼吸后腹部拖着一个充气后的气泡潜入水中。

龙虱是游泳能手

龙虱游水的速度很快，它的流线型躯体很像一艘快速潜

人工饲养的龙虱

艇。两对长而扁的中后足上长着排列整齐的长毛，活像一只四桨的小游船。龙虱体小灵活，便于追逐鱼类。它用刺吸式的口器吸吮鱼体内的血液，任凭鱼类如何摆动，它都扒在鱼体上不会掉下。有时几个龙虱同时追逐一条鱼，最后将鱼制服。龙虱除捕食鱼类之外，还捕食水中其他小动物，是养鱼业的害虫。

龙虱的后足长而扁，其上着生长毛，有桨的功能。划水时以足的宽面击水，收回时以窄面破水以减少阻力，两后足同时运用，直线前进，形成快速的蛙式游泳，它的体型流线型，且光滑无毛，便于游泳时减少阻力，可谓游泳能手。

龙虱的危害与利用

龙虱取食鱼苗，是鱼塘中的害虫，但它也取食孑孓，起灭蚊的作用。龙虱油炸后味道鲜美，为餐桌上的佳肴。龙虱的两栖生活，特别是在水中能充氧的机理，可启迪人们研发水下作业装备。

用毒高手——芫菁

芫菁有着艳丽夺目的外衣，但美丽的外表却是警告的标志，告诉别人它是不好吃的。由于它的鞘翅柔软，无法保护自己的身体，当遇到敌害的时候，它的腿节就分泌一种叫斑蝥素的物质，敌害吃下去会中毒。所以，面对这样的用毒高手，谁有胆子再去找它麻烦呢？

芫菁是变态最复杂的昆虫

芫菁又名斑蝥，属鞘翅目芫菁科。成虫喜食豆科植物的叶子，受惊后会假死并在肢节间分泌黄色斑蝥素毒液自卫。成虫交配后选择荒野草丛挖穴产卵，卵块呈菊瓣状。初孵幼虫腿长，便于行走，寻找蝗虫卵块或其他昆虫在地下的蛹，然后在其上定居。找到幼虫期食料后，长腿便失去意义，所以2龄幼虫的腿短，为蛴螬型。冬天，为了抵抗寒冷又变成有硬壳的假蛹。来年春暖花开时，再变成真蛹并羽化为成虫。芜菁科甲虫这种特殊的生活史及其变态，称为复变态，是昆虫中变态最复杂的。

芜菁是世界上最毒的甲虫

芜菁都有毒，它们的幼虫以蝗卵为食料，属有益的天敌昆虫；但拟毛胫豆芜菁成虫取食豆科植物的叶片，属害虫。

芜菁能分泌剧毒的斑蝥素。斑蝥素属萜类物质，碰到皮肤，皮肤立即变红并出现水泡，对人的致死剂量低于0.5毫克/千克，所以芜菁是世界上最毒的甲虫。斑蝥素虽然剧毒，但具有抗癌活性，只要掌握方法和剂量，就有治病的特殊功能。我国应用芜菁治病已有2 000多年的历史，是世界上最早应用芜菁治病的国家。

斑蝥素具有破血祛痰、强赤发泡、除血积、去腐肉、利尿、攻毒等功效；治恶疮瘰病、牛皮癣、神经性皮炎等。斑蝥素可缓解癌症症状，缩小肿块，延长患者生命，具有一定的抗癌的作用。

眼斑芜菁
Mylabris cicharii

拟毛胫豆芜菁 *Epicauta mannerheimi*

神行太保——虎甲

肉食性的甲虫捕食其他昆虫,从不吃素,昆虫学家称之为"天敌昆虫"。这一类甲虫的代表是虎甲。虎甲色斑鲜艳,形象威猛,特别是那一对发达的上颚,犹如两把锋利的弯刀。虎甲行动迅速,而且能飞,捕食对象往往难逃一劫。

虎甲属鞘翅目虎甲科,因体色具有金属般的色彩而受到人们的喜爱。它是肉食性昆虫,能低飞捕食小虫,常在山区道路或沙地上活动。有时人们步行在路上时,虎甲总是距行人面前三五米,头朝行人。当行人向它走近时,它又低飞后退,仍头朝行人,仿佛在跟人嬉闹。因它总是挡在行人前面,故有"拦路虎"之称。该虫头部大,复眼突出,上颚发达,后足超过体长,宜奔跑,善捕捉其他小型昆虫。常见此虫在地面上行走如飞,经测定,1秒钟内跑出的距离是它身长的170倍,相当于770千米/小时,是昆虫纲中地面行走最快的虫种。

虎甲幼虫背部有一对倒钩,当捕获猎物时可以钩住洞穴周围,防止被猎物拖出洞外,故有"骆驼虫"的称号。幼虫共3个龄期,在土中挖掘隧道,以"守株待兔"的方式袭击经过的小昆虫,并将猎物拖进洞穴进食,食物残渣则被清理出洞穴外。

金斑虎甲(*Cicindela aurulenta*)是跑得最快的昆虫

昆虫世界的"长颈鹿"——长颈象虫

看到象鼻虫头部前伸的长管，你可能会想到大象的鼻子。不过，你千万别把象鼻虫头部的长管当成鼻子啊！这个长管是它的口器，也是象鼻虫的主要识别特征。此外，它那管状头部能左右转动，非常灵活，犹如建筑工地上经常见到的大吊车，十分有趣。

红象甲

长颈象虫脖长超过体长，可与长颈鹿媲美。象虫科是鞘翅目中种群数量最多的昆虫。大多数种类都有翅，体长0.1厘米到10厘米。其中"鼻子"占了身体的一半，是它们用以嚼食食物的口器。除了口吻长外，拐角着生于吻基部也是此虫的特色之一。象虫遇惊会滚落地面假死逃生。

长颈象虫 *Paracycnotrachelus* sp.

象鼻虫的雌虫在产卵前，往往会以吻端的口器在植物组织上钻一管状洞穴或横裂，然后把卵产于组织内，部分种类能以孤雌生殖方式繁衍后代。在秋天，象鼻虫开始冬眠，直到来年春天。大约95%的象鼻虫会死在冬天死亡。

昆虫世界的"王牌飞行师"——蝗虫

近代以来，世界上许多地区出现过严重的蝗灾。如1979年，美国密苏里河西部14个州的牧场和农田，被密密麻麻的蝗虫所覆盖；华盛顿州的亚基马等地，蝗虫铺满了路面，它的厚度足以给行驶的车辆带来危险。这就是人们谈"蝗"色变的原因吧！

黑翅竹蝗 *Ceracris fasciata*

短角直斑腿蝗 *Stenocatantops mistshenkoi*

蝗虫属直翅目蝗科，全世界超过10 000种，分布于全世界的热带、温带的草地和沙漠地区。成灾迁移的为群居型；散居型的有蚱蜢、草蜢、草螽、蚂蚱等。蝗虫生命力顽强，能栖息于各种场所，森林山区、低洼地区、半干旱区、草原分布最多。植食性，多数为害虫，在严重干旱时可能会爆发，对自然界和人类造成灾害。

飞蝗是飞行能力最强的昆虫

飞蝗可连续飞行9小时。非洲赤道处的飞蝗，可飞到2 000英里（≈3 218.688千米）外的摩洛哥，再飞到孟加拉国、土耳其，有的失群飞蝗竟然飞到英国。

沙漠蝗是群飞时数量最多的昆虫

1989年，一群沙漠蝗（*Schistocerca gregaria*）飞跃红海时，估计有2 500亿只，总重量达50 800吨，散布面积达5 000千米^2，是世界上最大的一群蝗虫飞行。我国的东南亚飞蝗，迁飞时可用"遮天蔽日"来形容，蝗虫落地时，吃掉一切植物，危害十分严重。

世界上最大的蝗虫*Silignofera grandis*翅展达25米以上，产于巴布亚新几内亚。

蝗虫集体行动为保护自己

蝗虫群体迁移主要是保护自己，作为移动大军的成员，它

交配中的蝗虫

们被吃掉的可能性很小,而在脱离大军的蝗虫中,50%～60%在两天内被鸟类等吃掉。

灭虫能手——草蛉

夏天,人们在田间漫步时,常可看到一类披着绿色外衣,身体柔软,长着四个大而透明翅膀的昆虫,缓慢地飞翔于空中,这就是著名的灭虫能手——草蛉。它们是农民消灭害虫的好帮手,如大草蛉、丽草蛉等,平均一天能吃一百多头蚜虫。

草蛉属脉翅目草蛉科。草蛉身体细长柔软,全身草绿色,也有黄绿色的,网状翅膀长而阔,薄如透明纸,外观文雅别致。草蛉婚配前的"交哺",体现其"夫妻恩爱"。交配后的雌蛉在叶片上产卵,产卵前先在植物叶片上分泌一点黏液,固着比头发还细的卵丝,卵产在丝的顶上,奇特地竖立在叶片上,每次产卵400~700粒,许多卵丝状似花蕊。

黄眼草蛉 *Chrysopa septempunctata*

成虫与幼虫捕食蚜虫、介壳虫、木虱、粉虱、叶蝉、害螨等,有的还捕食鳞翅目和鞘翅目的幼虫。草蛉一生要吃2 000～4 000头蚜虫,对控制蚜虫的种群密度具有重要作用。

草蛉(*Chrysopa* sp.)和奇特的卵

昆虫中的"育儿专家"——蠼螋

蠼螋是唯一拥有备用性器官的昆虫。一只雄性蠼螋有两根阴茎,而且每一根阴茎的长度都大于蠼螋本身身长。这种昆虫的阴茎非常脆弱,一不小心就会折断,这就是它拥有两根阴茎的原因。

蠼螋(qúsōu)属于革翅目,体长4~35毫米。体狭长,略扁平。头扁宽,触角丝状,无单眼,口器咀嚼式。前胸背板发达,方形或长方形。体表革质,有光泽。有翅或无翅。有翅则前翅特化为极小的革翅。后翅大,膜质,扇形或略呈圆形,休息时纵横折叠在前翅下,但常露出前翅。尾须呈铗状。无产卵器。

褐蠼 *Anisolabis* sp.

蠼螋成虫在地下挖洞筑"育儿室"后交配,交配后取食大量营养物质后返回"育儿室"产卵并封死洞口保平安,然后如鸡那样伏在卵堆上,不时用口器翻动卵粒,20多天不取食直至卵孵化。幼虫孵化后先吃卵壳,孵化后6日内不给若虫外出,若虫取食由雌虫洞外捕食后拉回洞内喂养,到第七日才允许若虫外出,第九日若虫蜕皮能独自生存。此时,将若虫逐出"育儿室",雌虫则准备再次育儿,可见雌蠼螋是昆虫世界中最关怀备至的"母亲"。另外,蠼螋拉动的食物可超过自身体重的530倍,其拉力为动物界的世界冠军。

紫蠼螋 *Forficula* sp.

蛾类中的"大胖子"——大乌桕蚕

大乌桕蚕寻求配偶有自己特有的方式。当吸引配偶时，雌性大乌桕蚕会释放出一种叫做性信息素的化学物质。其他的动物觉察不到这种物质，而雄性大乌桕蚕的头部触须具有特殊的感觉器官，能将这些信号接收下来，最远能收集到远在8千米以外雌虫释放的性信息素。

大乌桕蚕 *Attacns atlas*

大乌桕蚕属鳞翅目大蚕蛾科，广布于我国南方。蛾类都是完全变态的昆虫，生活史中经历卵、幼虫、蛹和成虫4个虫态。成虫翅展可达22厘米，是世界上最大的蛾子。而最小的蛾子微蛾，体长约2毫米，翅展仅3~4毫米。老熟幼虫结茧化蛹，成虫有较强的趋光性，羽状触角可接收到8千米外（顺风11千米）异性发出的性信息素。大乌桕蚕翅膀上有色泽鲜丽的斑纹，有人误以为是美丽的大蝴蝶，但稍认真看一下羽状触角便知是蛾类。

纺织能手——家蚕

蚕在众多的昆虫种类中，被喻为向往美好和吉祥的象征，因为蚕能吐丝织茧，是人们发家致富的好帮手。唐代李商隐就有著名诗句"春蚕到死丝方尽，蜡炬成灰泪始干"，人们常将蚕喻为无私的奉献者。

家蚕是驯化最早的昆虫

距今5 000多年以前，我国已开始饲养桑蚕（*Bombyx mori*）。

中国是世界上养蚕最早的国家，2 000多年前又增加饲养柞蚕（*Antheraea pernyi*）。汉代开通"丝绸之路"后，将养蚕业传到中亚、西亚、欧洲各国。"春蚕到死丝方尽"是唐代李商隐的名句，后人用此句比喻一生呕心沥血，至死为人民谋福祉的人。确实，蚕吃进去的是桑叶，产出的是能生产美丽丝绸的银丝。每条蚕吐出的丝长达1千多米，是吐丝最长的昆虫。

家蚕全身都是宝

随着社会进步和科技的发展，人类已经拓展了对蚕的利用。蚕是基因工程很好利用的"躯体"，是活的生物制药厂；蚕蛹不仅美味可口，而且营养丰富，含有18种氨基酸，丝氨酸还可制成具有防皱和嫩白皮肤功效的化妆品或药品；蛹壳丰富的几丁质可制成性能优良的人造皮肤薄膜和外科手术的缝合线；蚕粪（蚕沙）是制造叶绿素的最佳材料，叶绿素又是医药、化工、食品和化妆品等诸多产品中不可缺少的原料。可见，蚕的全身都是宝。

戴"高架眼镜"的"近视眼"——突眼蝇

看到突眼蝇长了这样一对怪眼，你可能会想：它的视力是否会有与众不同的地方呢？是的，科学研究表明，昆虫的复眼越向外突出，视野就越开阔。突眼蝇的眼睛远离了头壳，生长在长柄的顶端，可谓是"会当凌绝顶，一览众山小"了。有了这样的一双眼睛，它前后左右、上上下下、四面八方都能看清了。

突眼蝇属双翅目突眼蝇科，复眼着生在头两侧伸出的杆状突起端部，相距约为头宽的10倍。研

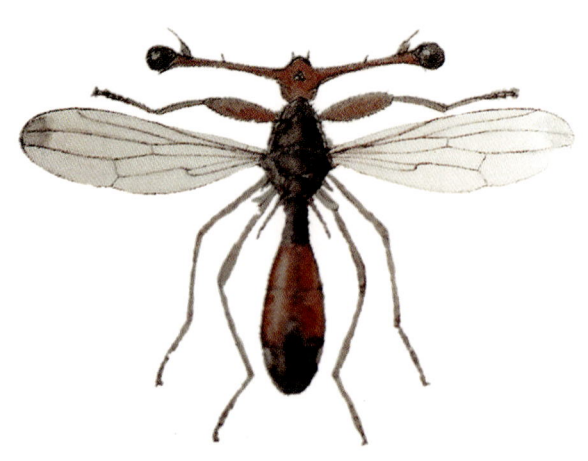

中华突眼蝇 *Diopsis chinica*（杨集昆 绘）

究表明，组成复眼的单眼越多，视力越好。可是，突眼蝇的眼睛长在长柄的顶端，不可能长得很大，组成复眼的单眼就很少，因此，它的视力自然也不会太好。这么一来，它的视野虽好，却是一个"近视眼"。

嗅觉灵敏的"反恐精英"——天蛾

川锯齿天蛾（*Langia zenzeroides*）与葡萄天蛾（*Ampelophaga* sp.）幼虫

一些天蛾拥有眼斑，这些眼斑具有伪装的作用。当天蛾合上具保护色的前翅休息时，一旦被碰触，便会伸开前翅，露出后翅的艳丽斑纹。这对斑纹像怒目圆睁的眼睛，掠食昆虫的鸟类一见这可怕的眼斑，以为是捕食鸟类的动物眼睛，就会自动放弃到嘴的美餐，仓皇逃命去了。

天蛾属鳞翅目天蛾科，体型粗壮，飞翔力强，飞行速度达每小时54千米。长吻天蛾的喙长达30厘米。

天蛾幼虫是大食客

天蛾的幼虫在一个月内可以吃掉比自身重量重80 000倍的食物，是昆虫中食量最大的幼虫。其中川锯齿天蛾是我国体型最大的天蛾。

天蛾是嗅觉最灵敏的昆虫

雄蛾能在十几千米以外嗅到雌蛾发出的性信息素，是嗅觉最灵敏的昆虫。天蛾凭借其超强的嗅觉能力，将来有望被用作预防恐怖袭击、打击恐怖分子的新手段。

最令人恐怖的鬼脸天蛾

鬼脸天蛾胸背部有骷髅的斑纹，令人恐惧。它能模仿蜂王的嗓音使附近担任哨兵的蜜蜂误以为蜂王，然后安全地用强壮的喙管，刺破蜂房的蜡质蜂巢，偷食花蜜。

能空中"停飞"的天蛾

咖啡透翅天蛾等几种天蛾白天活动，取食花蜜时能振动翅膀，如蜂鸟一样在花的上方"停飞"。

鬼脸天蛾 Acherontia lachesis

咖啡透翅天蛾 Cephonodes hylas

飘带舞者——非洲长尾蛾

在蛾类中，有些种类的翅膀向后延伸，形成2根长长的"尾巴"，飞行时如同飘带飞舞，招人喜爱。其中，非洲长尾蛾后翅延伸的飘带长达200毫米，是世界上飘带最长的昆虫。

非洲长尾蛾 Argema mithrei

毒刺之王——刺蛾

刺蛾科的昆虫，全球分布约500种，多数在热带。幼虫肥短，全身都是毒刺，蛞蝓状。无腹足，代以吸盘。行动时不是爬行而是滑行。有的幼虫体色鲜艳，附肢上密布褐色刺毛，像乱蓬蓬的头发。结茧时附肢伸出茧外，用以保护和伪装。受惊扰时会用有毒刺毛蜇人，使人皮肤红肿并有灼烧般的痛痒，被称之为"洋辣子"。

带毒刺的刺蛾幼虫

聪明的"伪装者"——尺蛾

有时候生存就意味着欺骗、盗窃和伪装，那么尺蛾幼虫就是模拟环境颜色和物体形状的伪装高手，天敌很难揭穿它的伪装。通常，尺蛾幼虫在嫩枝嫩叶上，如果不仔细看或者单独拍出来，即使是人，也很难发现。也许这就是大自然的神奇吧！

尺蛾类昆虫，土名叫造桥虫。它在树上爬行时先收拢尾巴，形成拱形桥的样子，然后头一放松、身子向前放平，然后再收拢尾巴再放头，一拱一拱蜿蜒行进。一般鳞翅目幼虫的腹足有1~4对，尺蛾只有1对，爬行时如尺子丈量布一样，故称之为尺蛾。

尺蛾幼虫只有1对腹足

长角飘飘——长角蛾

长角蛾可谓是蛾类中的另类，外形上改变了蛾类又短又粗触角的传统形态，取而代之的是它那又细又长如丝带般的触角。

大黄长角蛾 Nemophora amurensis （马志华　绘）

通常，雌虫触角的长度是体长的1.25～2倍，雄虫触角的长度则达体长的4倍，当它停落在一根草秆上时，那细长的触角随风飘动显得特别飘逸。

长角蛾，是鳞翅目长角蛾科昆虫的统称，全世界约300种，分布于除南极和新西兰外的所有地域，我国常见的有大黄长角蛾等。一般在白天活动，且具金属光泽。

漂亮蛾子——非洲多尾燕蛾

非洲多尾燕蛾，又名太阳毒蛾，产于马达加斯加，是世界上最美最毒的蛾子。它的翅膀犹如太阳照射出来的光芒，五彩缤纷，十分惹人喜爱；但是，它是有剧毒的，而且越是艳丽的地方越毒。太阳毒蛾身上的华丽色彩也是为了警告捕食者，让对方知道它们身上的毒性，以求得生存。

正面

反面

非洲多尾燕蛾 Chrysiridia riphearia

美食家——舞毒蛾

舞毒蛾，是人们谈之色变的一种食叶害虫。它头上的斑纹很像个"八"字，身上长着很多红色和黑色的毛瘤，背上两排毛瘤的颜色最鲜艳。舞毒蛾幼虫一孵化，便吃树梢的嫩芽，短短一周时间，一个卵块的舞毒蛾兄妹就能让一棵树的所有叶片毁在它们的嘴里。

饱餐之后，它们会跳上一段独创的舞蹈，人们因此在它的名字中加了个"舞"字。同时，它的名字中还有个"毒"字，这是指它毛瘤上的"刚毛"，带有毒性，是用来防身的武器。如果人碰到，皮肤上会有红肿，就连一些鸟类也不敢靠近。

据不完全统计，舞毒蛾幼虫能取食500多种植物，是食性最杂的昆虫。

娇艳迷人的"淑女"——吉丁虫

"窈窕淑女，君子好逑"，古人的诗句道出了人们对美好事物的追求与向往。淑女似的吉丁虫自然会受到人们的青睐。人们总认为蝴蝶是最美丽的昆虫，但是当你认识了吉丁虫之后，可能会觉得吉丁虫也独树一帜，别有韵味。

吉丁虫科的昆虫有的状似绿宝石，金绿光闪烁；有的五彩缤纷，为美丽的甲虫，其中产于马来西亚的七彩吉丁尤为美丽。

吉丁虫

令人遗憾的是，它们的幼虫长得奇丑无比，真可谓"虫大十八变"，这就是昆虫变态的奇妙之处！尤其不能令人容忍的是，幼虫专门蛀食树心，使之枯萎死亡，是果树、林木的重要害虫。尽管如此，吉丁虫幼虫却是一味中药材，能治疗疾病，"将功补过"。

七彩吉丁 *Chrysochroa rajah*

伪装大师——竹节虫

大自然的生物在漫长的进化过程中，为了保护自己不被吃掉，发明了很多高超招数来躲避天敌。竹节虫，属竹节虫目，算

青竹节虫 *Entoria* sp.

大佛螦 *Phrygastria grandis*

是昆虫世界中的伪装大师，它能惟妙惟肖地模仿竹枝的体型，和周围环境浑然一体；同时，它还有一手保护自己的本领：只要树枝梢震动，便坠落草丛中，收拢胸足，一动不动地装死，然后伺机溜之大吉。正是这些"障眼法"，让它活跃在昆虫世界中。竹节虫也是世界上身体最长的昆虫，目前已知陈氏竹节虫（*Phobaeticus chani*）体长达35.7厘米，是至今发现的最长的竹节虫。

会向雌性"送礼"的求爱者——食虫虻

食虫虻"送礼"后在交尾

在昆虫中常见雄虫为了获得交尾权，要先"送礼"给雌虫，例如雄蝎蛉、雄食虫虻等必须先捕到昆虫进献给雌蛉，才有获得交尾的机会。其中，食虫虻体格粗壮，通常多毛，形似大黄蜂。除了身体强壮、飞行快外，还具有大而亮的大眼睛。它几乎以所有的飞行昆虫为食，捕捉到猎物后，即将消化液注入猎物中，把猎物消化成液体后再吸入。食虫虻的这些特性，使它们成为昆虫世界中的魔鬼。

金龟中的"长腿模特"——阳彩臂金龟

阳彩臂金龟属鞘翅目彩臂金龟科。幼虫生活在腐殖质丰富的土壤或朽木中，成虫喜欢取食树液，有趋光习性。它的前足有7厘米长，远远超过它的体长，用作爬行、探路、取食和自卫，是甲虫中前足最长的种类。

阳彩臂金龟（*Cheirotonus jangoni*）是臂最长的昆虫

举重冠军——双叉犀金龟

双叉犀金龟，俗称独角仙，成虫具有威武的犄角，力大无穷，体重仅约20克，却能举起17 000克的物体，相当于自身体重的850倍，尽管蚂蚁能举起50倍其自身体重的物体，并能拉动30倍其体重的物体，但比起双叉犀金龟来还是小巫见大巫，双叉犀金龟算是世界上最强壮的动物，不愧为昆虫世界中的举重冠军。

双叉犀金龟 *Allomyrina dichotoma*

真正的铁骑士——海伦犀角金龟

海伦犀角金龟 Dynastes hercules

海伦犀角金龟产于哥伦比亚,属鞘翅目金龟子科。海伦犀角金龟体长达11厘米,是世界上身体最长的甲虫,再加上全身紧紧包裹的坚硬的壳,被称为昆虫世界的"铁骑士"。

重型坦克——坦克大犀甲

坦克大犀甲 Megasoma actaean

产于巴西的坦克大犀甲,雄虫体长为10厘米,体重达到70克,是最重的甲虫。

三、昆虫文化

　　我国是一个具有丰富文化传统的文明古国，昆虫文化源远流长，2 000多年前的《诗经·国风·七月》里记载有螽斯、蟋蟀，有关昆虫的故事与传说、昆虫与民俗等民族昆虫学内容丰富多彩。昆虫的基本知识、每种昆虫的生物学特性、与昆虫有关的节日、昆虫的工艺品及饰物、昆虫的娱乐观赏、昆虫趣闻和昆虫利用、历代文人墨客对昆虫的吟诗作画等组成了丰富的昆虫文化，涉及人类活动的各个方面。

昆虫资源的利用

华安螳蛉 *Entanoneura sinica*

红蝉

昆虫作为一种文化现象进入人类的文化生活，最早发生在物质领域，也即是对昆虫资源的利用。

昆虫与植物协同进化并为植物传播花粉、提高土壤肥力，促进人与生物圈中物质的循环与转化，从而形成了繁茂的生物世界及其生态系统，为包括灵长目在内的动物提供了果实、粮食等生存条件。又如，昆虫对生态环境的变化极为敏感，是人们监测环境的可靠指示物。可见，人类的生存与健康离不开与所有物种都有千丝万缕联系的昆虫，它与人类有着协调共存的密切关系。

人类在长期的生产实践中，不仅掌握了如何与害虫作斗争的方法，而且知道如何利用昆虫资源为人类服务。根据记载，公元165年记录了用于紫胶虫，739年利用五倍子，12世纪将昆虫作食用，公元13世纪利用白蜡虫。《本草纲目》和《本草拾遗》中记录了用于治病的昆虫共106种，目前药用昆虫超过300种。古代的养蚕业、养蜂业等更是历史久远。近代的昆虫营养食品业、医药保健业、昆虫基因的利用等已经给人类带来实实在在的利益。昆虫用于太空生物实验室，可了解宇宙辐射、微重力等对生物的影响，提高我国生命科学的研究水平。昆虫的行为、色彩、鸣声等，对人类的文化艺术产生了有意义的启迪和影响，成为独特的昆虫文化。

昆虫也会给人类带来诸如疟疾、鼠疫等多种疾病，这些传布疾病的昆虫在科技进步的今天已经得到控制。一些危害农业、林业的昆虫，通过采取各种生态控制措施，已变为生态系统中的有益成员。

我们对昆虫的利用还仅仅是开始，已经利用的只是极少的几种。目前，许多昆虫我们还不知道如何利用它们，尤其是森林中的昆虫，种类十分丰富，这些昆虫经历了漫长的历史，是在长期自然选择中创造的物种，它们的基因和特性都是独一无二的，对人类的生存和发展有着巨大的潜在价值。虽然我们现在还不了解它们的利用价值，但随着科技的进步，将来这些昆虫带给人类的生态效益、社会效益和经济效益是不可估量的。因此，我们有义务保护好昆虫的栖息地，保护森林生态系统的健康发展，从而达到昆虫资源可持续性利用的目的。

昆虫在长期自然选择和进化过程中，产生与生存环境相适应的器官系统，这些器官结构独特，已成为重要的仿生资源。高超的技艺和奇异的形态特征也是人类探索大自然和生物世界的可靠线索，人类可从中获得新技术和新工艺的启示，并能以之进行创新设计。昆虫仿生学的研究与利用极大地促进各个领域的科技进步和社会发展。

昆虫与文化艺术

昆虫自古就影响着人们的精神文化生活，在人们的思想意识、精神生活方面占有十分重要的地位。

昆虫与声乐

约有半数的昆虫能以各种方式发出声音，比如蝉的歌声嘹亮，蟋蟀叫声悠扬，螽斯嗓音清脆，蝗虫声音深沉，蜜蜂飞响热烈，使人感到欢欣。古今中外的音乐家，因昆虫鸣声激发了创作灵感，创作了许多冠以虫名的名曲，其中有笛曲《花香蜂舞》、唢呐曲《蜜蜂过江》、琴曲《蝴蝶游》、戏曲《梁祝》等，形成我国独特的鸣虫文化。

胡蝉

昆虫与神话

人们在长期利用昆虫资源的实践中，深受万物有灵论观念的影响，形成了不少有关昆虫的神话故事。最有名的要数发生在神州大地上梁山伯与祝英台的爱情故事，故事通过彩蝶结

交配中的龟甲

豆娘

对纷飞，来表现他们坚贞不渝的爱情。此故事搬上舞台后，广受欢迎，历演不衰。类似的故事还有云南大理的蝴蝶泉等，相传很久以前，蝴蝶泉叫无底潭，潭边住着父女二人，女儿叫雯姑，聪明美丽，雯姑长大后，和猎手霞郎定下终身。后来雯姑被地主抢走，霞郎打猎回来后拼死将她救出。不料官兵追来，二人走投无路，双双跳进了无底潭。顿时，电闪雷鸣，暴风骤雨。待雨过天晴，潭中飞出一对美丽无比的大彩蝶，后面还跟着无数的小蝴蝶。那一天是农历四月二十五日。从此，每年的这一天，无数美丽的蝴蝶就会聚集在这里，讲述这动人的爱情故事。

昆虫与文学

昆虫自古就是文学描述的重要题材，尤其是诗词歌赋中歌颂昆虫的作品数量最多，形成了独特的审美情趣和风格。唐代杜甫的"穿花蛱蝶深深见，点水蜻蜓款款飞"，李商隐的"春蚕到死丝方尽，蜡炬成灰泪始干"等诸多光彩夺目的诗词流传至今。"螳臂当车"等昆虫成语也是中国文化宝库中的瑰宝，具有深远的社会哲理。

另外，昆虫与姓氏、昆虫与艺术相结合等形式，使自然美在艺术上得以再现。

昆虫与艺术

昆虫入画在中国有着悠久的历史，商周时代的青铜器物上，就发现有蝉纹，有的与实物十分相像，有的则加以变形，形成蝉形的几何图案。不同历史时期，都涌现了一批花鸟草虫的画家。近代著名画家齐白石先生所画昆虫极多，常见的有蝴蝶、蜜蜂、蟋蟀、螳螂、纺织娘、蝈蝈、飞蛾等。除了栩栩如生、充满了生机昆虫绘画作品外，还有树脂包埋昆虫的工艺品、蝶翅画及锹甲、天牛、蜻蜓等仿生工艺品，它们起到美化现代生活、提高生活质量、增添

树脂包埋昆虫的工艺品（黄新涌 提供）

人与自然和谐情趣的作用。

昆虫与邮票

昆虫的方寸邮票，是以邮票为载体的一种昆虫文化，既体现了一个国家的昆虫资源，也是其文化和科学技术的结晶，它以无声的信息和艺术形象展示大自然巧夺天工的造物美和天然美，也评说了昆虫的千秋功罪。在各国发行的邮票上一展风采的昆虫种类有很多，包含了鞘翅目、鳞翅目、蜻蜓目、直翅目、同翅目、半翅目、螳螂目、膜翅目等，但无论从数量和种类上，都以鳞翅目中的蝴蝶邮票最受人青睐，约占昆虫邮票总数的75%。1850年，澳大利亚发行了一枚描写悉尼风情的邮票，在产业女神周围飞着几只小蜜蜂，这是最早含有昆虫的邮票。其后发行的邮票类型包含了各种珍稀和濒危虫种、拟态昆虫、有警戒色的昆虫、昆虫生活史、灭蚊防疟等方面的内容。昆虫邮票精美好看，受到不少收藏家的热捧，而它所体现的主题，也与人类的文化生活密不可分。

灰蜡蝉

荔蝽

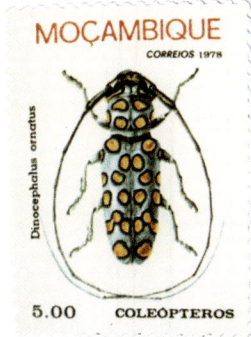

昆虫邮票（王荫长 提供）

昆虫与钱币

苏里南的昆虫钱币（王荫长 提供）

古往今来有许多艺术性很高的硬币，其中可以见到昆虫形态各异的图案，如蜜蜂、蝴蝶、甲虫、蚱蜢、蚂蚁、蝉、螳螂等。据说昆虫可以作为神的象征而被推崇铸币，如蜜蜂代表了在以弗所神庙中的阿尔忒弥斯女神。有人统计，公元前7世纪的古希腊就铸造了300多种精良的昆虫钱币。

昆虫与像章

在各种各样的纪念章、徽章、奖章中，也常出现昆虫图案。如为纪念中国昆虫学会成立50周年，发行了有家蚕图案的像章等；美国犹他州的州徽上也有蜜蜂的图案。

家蚕像章（王荫长 提供）

昆虫与标志

近年来，随着人们生活水平及文化素质的不断提高，以昆虫作为工艺品、观赏品的趋势将日趋明显，对昆虫外形的利用更是不胜枚举，如以昆虫为图案作商标的烟盒、火柴盒、电信卡已举目可见。

火柴盒上的昆虫（王荫长 提供）

昆虫与建筑、地名

我国清代在北京紫禁城建有螽斯门，据说古人有"螽斯——生百子"的民间传统说法，螽斯门的兴建是皇室祈求家族儿孙满堂、兴旺发达的做法；云南大理有蝴

中国电信磁卡的昆虫（王荫长 提供）

蝶泉地名，现已成为云南有名的景点。

昆虫与纪念碑

有的昆虫为自然与人类立下丰功伟绩，有的地区专门为某种昆虫修建纪念碑。澳大利亚昆士兰州布内尔加镇建造一座毛虫纪念碑。1925年，仙人掌在澳大利亚徒长，覆盖面积达3 000多万公顷，使良田沦为荒地，沃土夷为难于涉足的旱原荒漠，不断蔓延扩展，令人生畏。于是，农场主从阿根廷引进数以万计的毛虫，短短数年便将仙人掌吞噬殆尽，还荒芜之地为良田。这是一宗以虫治理有害植物的成功典范。

相反，也有与害虫斗争取得胜利，为害虫竖立纪念碑，刻骨铭心地记着它。波兰柳贝尔斯基省札莫什奇市的十字街头，有一座能工巧匠刻制的蝗虫纪念碑，一只长122厘米、宽65厘米的石灰石蝗虫模型，记载着当地农民于1859年群策群力昼夜拼搏，战胜蝗虫的史实。碑文上清楚地记录着活捉蝗虫65 600千克，灭蝗卵2 220千克，先后奋战14 000个劳动日扑灭空前的蝗灾。

目前，我国唯一的昆虫纪念塔是于20世纪80年代建于台湾美浓黄蝶翠谷入口处的黄蝶纪念塔。

昆虫与民俗

中华民族是由56个民族组成的大家庭，各民族的民俗风情

蝗虫纪念碑（王荫长 提供）

丰富多彩,各具特色,其中与昆虫有关的民间传统节日达2 000多个,例如我们的祖先5 000年前就将野蚕驯化成家蚕,与家蚕有关的节日有采桑节等18个。有的昆虫种类成为国人崇拜之物,例如,过蚕日与祭蚕神,是纪念家蚕给民众带来的利益,颂扬益虫;古人视蝉为吉祥和灵通,过蝉节以祈求幸福和平安;有的昆虫种类给民众带来灾难,例如土家族人将惊蛰前一天定为射虫日、布依族民间针对蝗虫的危害而定的"蚂螂节"等属咒虫活动,以驱除虫灾;昆虫营养丰富,仫佬族还有一年一度的"吃虫节";拉祜族人捕蜂制戏蜂蜡烛,在婚礼中点燃蜂蜡烛,以示吉祥等。

昆虫与娱乐

目前,以昆虫娱乐为导向的观光旅游事业也逐步兴起,如山东省国际斗蟋蟀大赛会、云南省大理以"蝴蝶泉"为引导的三月三旅游经贸节等。山东省宁津县自古至今盛行蟋蟀节,形成全国性的蟋蟀市场,每年八九月份,各地客商云集宁津,进行斗蟋蟀和蟋蟀交易活动。又如蝴蝶会,则成为民间观赏蝴蝶和谈情说爱的盛会,作为白族民间娱乐风俗,流行于云南大理地区。每年农历四月十五日前后,是苍山去弄峰下蝴蝶泉边彩蝶最多的时节,大如手掌,小似钱币,五彩缤纷,美丽异常。附近群众纷纷前去观赏彩蝶,举行野餐,谈演洞经古乐,祈祷风调雨顺,年轻人借此谈情说爱,寻找意中人。

蝉

赤基豆娘

四、昆虫鉴赏

昆虫是所有生物中种类最多的一群,已发现100多万种,约占全球动物的56%。昆虫的分布极广,遍布地球的每个角落。它们与人类及自然界中其他生物关系密切,共同组成了地球的生物体系。昆虫本身蕴藏了无穷的奥秘,当我们深入到充满生机的大自然中,仔细观察身边这些微小的生命时,看着它们所展现出的独特美丽,你一定会感叹昆虫世界的奇妙和大自然的神奇魅力。

鞘翅目 Coleoptera

鞘翅目昆虫通称甲虫,数量比其他任何动物都要多,可以说,每4个动物中,就有1个是甲虫。

家族特点: 体型大小差异甚大,体壁坚硬;口器咀嚼式;触角形状多样,10~11节;前胸发达,中胸小盾片外露;前翅为角质硬化的鞘翅,后翅膜质;幼虫为寡足型,少数为无足型等。

红绿金吉丁 *Chrysochroa vittata* Fabricius
分布:云南;缅甸、印度(侯陶谦 绘)

赤胸金吉丁 *Chrysochroa buqueti*
分布:泰国

七彩金吉丁 *Chrysochroa descarpentriesi*
分布:马来西亚

蓝金吉丁 *Chrysochroa wallacei*
分布:马来西亚

金吉丁 *Chrysochroa fulgidissima* Schonherr
分布:浙江、台湾;朝鲜、日本(李文柱 绘)

海南绿吉丁 *Iriodotaenia hainanensis* Kurosanla
分布:海南

四、昆虫鉴赏
Appreciation of Insects

白斑绿吉丁 *Megaloxantha* sp.
分布：马来西亚

北部湾吉丁 *Chrysochroa tonkinensis* Descarpentries
分布：海南

绿点椭圆吉丁 *Sternocera aequisignata* Saunders
分布：云南；缅甸、印度（侯陶谦 绘）

绿坡吉丁 *Stemocera* sp.
分布：广东

海南硕黄吉丁 *Megaloxantha hainana* Yang et Xie
分布：海南

眼吉丁 *Lampropepla rothschildi*
分布：马达加斯加

珍贵吉丁 *Metaxymoypha nigrofasciata*
分布：印度尼西亚

绿吉丁 *Catoxantha opulenta*
分布：印度尼西亚

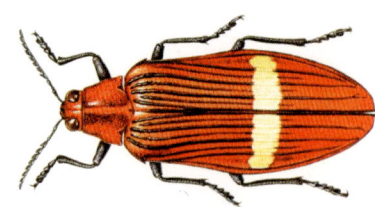

红吉丁 *Catoxantha puypuyea*
分布：菲律宾

蓝豹天牛 *Calloprophora salli*
分布：泰国

皱胸闪光天牛 *Aeolesthes holosericea*（Fabricius）
分布：海南

畸腿半鞘天牛 *Merionoeda splendida* Chiang
分布：广西、浙江（李文柱 绘）

龟背簇天牛 *Aristobia testudo*（Voet）
分布：海南

彩红长臂天牛 *Acrocinus longimanus* Linnaeus

四、昆虫鉴赏
Appreciation of Insects

大王天牛 *Macrodontia cervionis*
分布：巴西

珊瑚天牛 *Dicelostermus corallinus* Gahan
分布：华南各地及贵州

海南粉天牛 *Olenecamptus hainanensis* Hua
分布：海南

红丽天牛 *Rosalis decempunctata*（Westwood）
分布：海南、云南；南亚

黄带紫天牛 *Purpxricenus malaccensis*（Lacordaire）
分布：海南

拟蜡天牛 *Stenygrium quadvinotatum* Bates
分布：广东

南岭丽天牛 *Erythrus* sp.
分布：广东

黑盾阔嘴天牛 *Euryphagus lundii* Fabricius
分布：广东、海南；南亚、东南亚

樟红天牛 *Eupromus ruber*（Dalman）
分布：浙江等

尖峰双脊天牛 *Paraglenea jianfenglingensis* Hua
分布：海南

苎麻双脊天牛 *Paraglenea fortunei*（Saunder）
分布：广东、四川等

筒天牛 *Oberea* sp.
分布：广东、海南

广东长绿天牛 *chloridolum rwangtungum* Gressitt
分布：广东

四、昆虫鉴赏
Appreciation of Insects

绿矛瘦天牛 *Typodryas callichromodes* Thomsom
分布：海南

十二斑花天牛 *Leptura duodecimguttata* Fabricius
分布：黑龙江

脊薄翅天牛 *Megopis costipennis* White
分布：海南

库氏锹甲 *Odontolabis cuverh*
分布：马来西亚

褐黄边锹甲 *Odontolabis femoralis*
分布：广东等

金毛虎锹甲 *Odontolabis eremioola*
分布：印度尼西亚

宽带前锹甲 *Prosocoilus biplagiatus* Westwood
分布：海南

红头锹甲 *Odontolabis f.kinabaluensis*
分布：婆罗洲

73

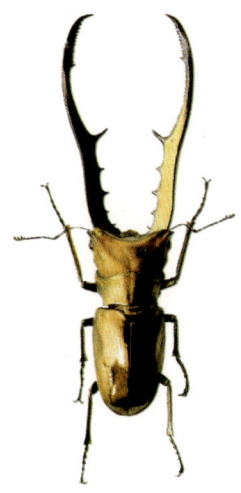

印尼长牙鸡冠锹甲 *Cyclommatu metallifer*（Boisduvl）
分布：印度尼西亚

赫氏锹甲 *Lucanus hermani* Delisle
分布：湖南等 （李文柱 绘）

台湾丽锹甲 *Lucanus taiwenus*
分布：台湾

玛氏锹甲 *Cyclommatu montqnellus*
分布：婆罗洲

巨叉锹甲 *Lucanus planeti* Planet
分布：海南、云南；越南

幸运锹甲 *Lucanida fortunei* Parry
分布：广东、福建等

鹿角大锹甲 *Hexarthrius dryrollei*
分布：印度尼西亚

四、昆虫鉴赏
Appreciation of Insects

鹿黑角锹甲 *Dorcus parryi*
分布：广东、海南

弓齿红鞘长锹甲 *Rhaoluluas dideri*
分布：马来半岛

武士锹甲 *Allotopus rosenbergi*
分布：印度尼西亚

长臂弓齿丽锹甲 *Chiasognathus granti*
分布：智利

巨人神犀金龟 *Chalcosoma caucasus*
分布：马来西亚

素吉尤犀金龟 *Eupatoru sukkiti* Miyachita
分布：云南

三角犀金龟 *Chalcosoma atlas*
分布：马来西亚

橡胶木犀金龟 *Xylotrupes gideon* Linnaeus
分布：华南、西南；南亚、东南亚

五角犀金龟 *Eupattorus gracilicornis*
分布：云南；越南、印度

绿花金龟 *Trichius* sp.
分布：广东、海南等

白纹花金龟 *Goliathus orientalis*
分布：扎伊尔

四斑幽花金龟 *Iumnos ruokeri* Saunders
分布：海南；印度

黄绿突花金龟 *Heterorrhina barmanica* Gestro
分布：西藏；南亚（李文柱 绘）

斑青花金龟 *Oxycetonia bealiae*（Gory et Perfcheron）
分布：长江以南；南亚（李文柱 绘）

黄粉鹿花金龟 *Dicranocephalas wallichi bowringi* Pascoe
分布：辽宁至广东及西南各地

四、昆虫鉴赏
Appreciation of Insects

群斑带花金龟 *Taeniodera coomani*（Bourgoin）
分布：广东、海南、云南；越南（李文柱 绘）

褐斑背角花金龟 *Neophaedimus auzouxi* Lucas
分布：陕西、四川等（李文柱 绘）

褐条花金龟 *Megalorrhina harrisi* Peregrine
分布：坦桑尼亚

多彩花金龟 *Stephanirrhina julia*
分布：喀麦隆

绿星花金龟 *Protaetia* sp.
分布：广东、海南等

紫黑斑花金龟 *Trichiu huatunensis* Tasar
分布：广东、福建、台湾（李文柱 绘）

丽罗花金龟 *Rhomborrhina resplendens*（Swartz）
分布：广东、海南等；缅甸

紫花金龟 *Rhomborrhina* sp.
分布：海南

红条臀花金龟 *Campsiura* sp.
分布：海南

狭丽叩甲 *Campsostrnus elongates*
分布：我国各地

松丽叩甲 *Campsostrnus auratus*（Drury）
分布：华东、华南；东南亚

艳边步甲 *Carabus ignimitella* Bates
分布：湖北、广东等

拉步甲 *Carabus lafossei* Feithamel
分布：江苏、浙江等

硕步甲 *Carabus davidis* Deyrolle
分布：江苏、浙江等

小提琴步甲
Mormolyce phyllodes Hagenbch
分布：马来西亚

疤步甲 *Carabus pustulifer* Lucas
分布：广西及西南各地

长头短尖卷象
Paracycnotrachelus longiceps Motschulsky
分布：长江以北（李文柱 绘）

蓝绿象 *Hypomeces squamosus* Fabricius
分布：华东、华南

四、昆虫鉴赏
Appreciation of Insects

宽喙锥象 *Baryrhynchus* sp.
分布：云南

长足大竹象甲 *Cyrtotrachelus buqueti* Guer
分布：广东、四川

格彩臂金龟 *Chelrotonus gestroi* Pouillaude
分布：广东、台湾等

红腹虎隐翅虫 *Stenus frater* Benick
分布：广东；越南、老挝（李文柱 绘）

金梳龟甲 *Aspidomorpha sanctaecrucis* Fabricius
分布：华南和西南

甘薯龟甲 *Aspidomorpha furcata*
分布：华南和西南

星斑梳龟甲 *Aspidomorpha miliaris* Fabricius
分布：长江以南（李文柱 绘）

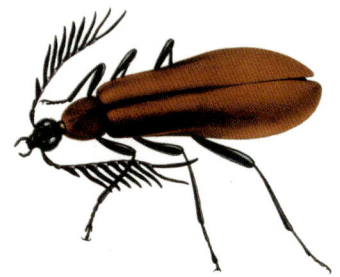

红叶赤翅甲 *Phyllocladus magnificus* Blromichi
分布：长江以南（李文柱 绘）

黑斑黄绿背花萤 *Themus imperialis*（Gorham）
分布：江苏至海南、云南

79

大斑芫菁 *Mylabris phalerata*
分布：山西、广东等

黑额光叶甲 *Smaragdina nigrifrons*
分布：我国各地

石梓沟胸龟甲 *Craspedonta leayana insulana*（Gressitt）
分布：海南

蛙腿茎甲 *Sagra baqueti*
分布：马来西亚

千斤拨茎甲 *Sagra moghanii*（Chen）
分布：海南、云南

紫茎甲 *Sagra femorata purpurea* Lichten
分布：华东、华南、西南；越南

蜻蜓目 Odonata

蜻蜓目成员多数为大型、中型昆虫，全世界分布，以热带地区为多。

家族特点：头大且转动灵活，两对翅膜质透明，翅多横脉，翅前缘近翅顶处常有翅痣。腹部细长，雄性交合器生在腹部第2、3节腹面。

华丽扇蟌 Calicnemia sinensis
分布：海南等

多彩扇蟌 Ischnura rurostigma Seys

黑尾扇蟌 Calicnemia sp.
分布：海南等

四斑丽山蟌 Pseudolestes mirabilis Kirby

赤基色蟌 Archineura incarrnata（Karsch）
分布：海南

华艳色蟌 *Neurobasis chinensis*
（Linnaeus）

三斑鼻蟌 *Rhinocypha perforata*
分布：广东等

云南鼻蟌 *Rhinocypha* sp.
分布：云南

毛面同痣蟌 *Onychargia atrocyana*
分布：广东等

琉球橘黄蟌 *Ceriagrion aurantic*
分布：广东等

赤褐灰蜻 *Orthetrum peuinosum*
分布：广东等

红蜻 *Crocothemis servilia* Drury
分布：海南、广东

晓褐蜻 *Ttithemis aurora*
分布：广东、海南等

网脉蜻 *Neurothemis fulcia* Drury
分布：广东、海南等

蜻蜓 *Macromia* sp.
分布：海南

巨圆臀大蜓 *Anotogaster sieboldii* Selys
分布：广东、海南等

螳螂目 Mantodea

螳螂目昆虫通称螳螂，为中型至大型昆虫，成虫与若虫均为捕食性，可捕食40余种害虫，如蝇、蚊、蝗、蟊斯若虫等，是著名的天敌昆虫。

家族特点：头三角形且活动自如；前足腿节和胫节有利刺，胫节镰刀状，常向腿节折叠，形成捕捉性前足；前翅皮质，为覆翅，缺前缘域，后翅膜质，臀域发达，扇状，休息时叠于背上；腹部肥大。

彩斑枯叶螳 *Deroplatys lobata*
分布：马来西亚

浓装眼斑螳 *Creobroter bugula* Yang
分布：四川

眼斑螳 *Creobroter* sp.
分布：广东

壮菱背螳 *Rhombodera valida* Burmeister
分布：海南等

广斧螳 *Hierodula patellifera* Serville
分布：海南、广东

中华刀螳 *Tenodera sinensis* Saussure
分布：海南、广东等

竹节虫目 Phasmatodea

竹节虫常常附身于竹枝上，其身体颜色、形态与竹枝难以分辨，拟态本领十分高超，几乎可以乱真，所以名为竹节虫。

家族特点：体形较大或中等，为昆虫中身体最为修长的种类，成虫体长一般为10厘米，最长可达50厘米。

玫瑰竹节虫 *Mamessoidea rosea*
分布：马来西亚

草裙竹节虫 *Tagesoidea nigrofaciata*
分布：马来西亚

红翅竹节虫 *Heleropteryx dilatatate*
分布：马来西亚

怪状竹节虫 *Extatosoma popa* Stal
分布：巴布亚新几内亚

中华丽叶䗛 *Phylliun sinense* Liu
分布：海南

滇叶䗛 *Phyllium yunnanense* Liu et Cai
分布：云南

双翅目 Diptera

双翅目昆虫包括蚊、蠓、蚋、虻、蝇等，是昆虫纲中较大的目。成虫前翅膜质，后翅退化成"平衡棒"。

家族特点：口器为刺吸式、刮吸式或舐吸式；中胸发达，前后胸退化，仅具一对膜质前翅，后翅退化为平衡棒，完全变态。

金蝇 *Chryso* sp.
分布：广东等

食虫虻 *Neoitamus* sp.
分布：广东、海南

大蚊 *Tipula* sp.
分布：广东、海南

黑带食蚜蝇 *Episyrphus* sp.
分布：广东

膜翅目 Hymenoptera

膜翅目包括蜂、蚁类昆虫，是昆虫纲中第3个大目，广泛分布于世界各地，以热带亚热带地区种类最多。

家族特点：体长从0.25厘米到7厘米，最大的翅展达10厘米；而小的膜翅目昆虫翅展只有1毫米，是昆虫中最小的。

黑盾壁泥蜂 *Sceliphron javanum*
分布：广东、海南

黄头蛛蜂 *Leptodialepis bipartitus*
分布：海南

异足姬蜂 *Heter0pelma* sp.
分布：广东、海南

彩带蜂 *Nomia* sp.
分布：广东、海南

中华蜜蜂 *Apis cerana* Fabricius
分布：广东等

大华丽蜾蠃 *Delta petiolata*
分布：海南

无垫蜂 *Amegilla* sp.
分布：广东、海南

黑盾胡蜂 *Vespa bicolor* Fabricius
分布：陕西至海南及西藏；印度、法国

半翅目 Hemiptera

半翅目昆虫俗称蝽或椿象，由于很多种能分泌挥发性臭液，因而又叫放屁虫、臭虫、臭板虫。

家族特点：体型多为中型、中小型，六角形或椭圆形居多，背面平坦，上下扁平；体壁较坚硬；口器为刺吸式。

箭痕腺长蝽 *Spilostethus hospes*
分布：海南、广东

丽匿盾猎蝽 *Panthous rxcellens* Stol
分布：西藏；印度

白带猎蝽 *Acanthaspis cincticrus* Stal
分布：北京至广东；日本及南亚各国

马来胶猎蝽 *Amulius malayus* Stal
分布：海南；马来西亚

南岭猎蝽 *Harpactor* sp.
分布：广东

荔蝽 *Tessaratoma papillosa*（Drury）
分布：海南、云南等

四、昆虫鉴赏
Appreciation of Insects

巨蝽 *Eusthenes robustus*
分布：广东、海南等

赤条蝽 *Graphosoma rubroiineata* Wstwood
分布：黑龙江

玛蝽 *Mattiphus splendidus*
分布：广东、海南等

粉黄丽盾蝽 *Chrysocoris* sp.
分布：广东等

紫蓝丽盾蝽 *Chrysocoris stolli* Wolf
分布：广东、海南等

光红蝽 *Dysdercus* sp.
分布：海南

巨红蝽 *Macroceraceraea grandis*（Gray）
分布：海南、云南等

泛光红蝽 *Dnidymus rubiginosua*
分布：广东、海南等

离斑棉红蝽 *Dysdercus cingulatus*（Fabricius）
分布：广东、海南等

细锋同蝽 *Acanthosoma forficula* Jakovlev
分布：我国南方；日本

广翅目 Megaloptera

广翅目是一个较小的类群，全世界记载约有300余种，中国已知有40多种，常见种类有古北泥蛉、东方巨齿蛉、中华斑鱼蛉等。

黄脉齿蛉 *Neuromus* sp.
分布：广东

东方巨齿蛉 *Acanthacorydalis orientalis*（Mclachlan）
分布：广东、福建等

黄胸黑齿蛉 *Neurhermes tonkinensis*（Weele）
分布：海南、云南等

直翅目 Orthoptera

直翅目包括蝗虫、螽斯、蟋蟀、蝼蛄等。广泛分布于世界各地，热带地区种类多。

家族特点：中型或大型，体较壮实，前翅为覆翅，后翅扇状折叠；后足多发达善跳。

多恩鸟蜢 *Erianthus dohrni*
分布：广东等

黑翅红腿蝗 *Ceracris* sp.
分布：广东

花斑螽 *Phaneroptera* sp.
分布：广东

黑翅竹蝗 *Ceracris fasciata*
分布：广东等

绿翡螽 *Phyllomimus* sp.
分布：广东

脉翅目 Neuroptera

脉翅目昆虫包括草蛉、粉蛉、蚁蛉、褐蛉、螳蛉等，其中不少种类在害虫的生态控制中起着重要作用。

家族特点：绝大多数种类的成虫和幼虫均为肉食性，捕食蚜虫、叶蝉、粉虱、蚧、鳞翅目的幼虫和卵以及蚁、螨等。

黄脊斑蝶角蛉 *Hybris subjacens*
分布：广东等

红痣草蛉 *Italochrysa uchidae*（Kuwayama）
分布：广东、海南、云南等

大草蛉 *Chrysopa pallenws* Ramber
分布：我国各地

同翅目 Homoptera

同翅目昆虫因前翅质地相同而得名，世界已知有32 800余种，中国已知1 930余种。

家族特点：刺吸式口器，两对翅，静止时多呈屋脊状置背上，前翅质地均一。

中国丛毛木虱 *Torulus sinicus* Li
分布：福建（马志华 绘）

硕喀木虱 *Acopsylla excelsa* Li
分布：广东（马志华 绘）

四、昆虫鉴赏
Appreciation of Insects

红广翅蜡蝉 *Ricania* sp.
分布：广东等

弧角蝉 *Leptocentrus* sp.
分布：广东

高冠角蝉 *Hypsauchenia* sp.
分布：广东

白带丽沫蝉 *Cosmoscarta exulfans* Walker
分布：广东

锚角蝉 *Leptobelus sauteri*
分布：广东

胡蝉 *Graptopsaltria tienta* Karcch
分布：四川

缺斑带网蝉 *Prorectinata vemacula*
分布：泰国

条笃蝉 *Tosena splendida* Cica
分布：马来西亚

拟红眼蝉 *Paratalainga* sp.
分布：广东

白带笃蝉 *Tosena melanopteryx* Kirkady
分布：马来西亚

黑丽宝岛蝉 *Formotosena seebohmi*（Distant）
分布：海南、江西、福建、台湾

红蝉 *Huechys sanguinea* Fabricius
分布：广东、福建等

红翅梵蜡蝉 *Aphaena rabiala* Wang et Chou
分布：云南、海南

娜氏梵蜡蝉 *Aphaena naaasr*
分布：广东、海南

异色梵蜡蝉 *Aphaena discolor*
分布：广东、海南

翡翠蜡蝉 *Fulgora pyrorhycha*
分布：印度尼西亚

四、昆虫鉴赏
Appreciation of Insects

斑悲蜡蝉 *Penthicodes atomaria*（Weber）
分布：海南

梵蜡蝉 *Aphaena* sp.
分布：广东等

提灯蜡蝉 *Lanternaria phospkorea*
分布：巴西

斑衣蜡蝉 *Lycoma delicatula* White
分布：河北以南

白背象蜡蝉 *Dictyophara* sp.
分布：广东

龙眼鸡 *Fulgora candelaria* Linnaeus
分布：广东、海南

鳞翅目 Lepidoptea

鳞翅目包括蛾、蝶两类昆虫，分布范围极广，以热带种类最为丰富。

家族特点：绝大多数的幼虫为害栽培植物，体形较大者常食尽叶片或钻蛀枝干，体形较小者往往卷叶、缀叶、结鞘、吐丝结网或钻入植物组织取食为害。

东方美苔蛾 *Mitochrista sauteri* Strand
分布：华南、西南

三点棕红苔蛾 *Cyana phaedra*（Leech）
分布：广东

猩红雪苔蛾 *Cyana coccinea*（Moore）
分布：广东

拟三色星灯蛾 *Utetheisa lotrix*（Gramer）
分布：华南、西南；南亚、东南亚及大洋洲

闪光玫灯蛾 *Rhodogastria astreas*（Drury）
分布：华南、西南；南亚、印度尼西亚及非洲东部

艳绣斑灯蛾 *Pericallia picta*（Walker）

四、昆虫鉴赏
Appreciation of Insects

圆拟灯蛾 *Peridrome orbicularis* Waller
分布：海南

大丽灯蛾 *Callimorpha histrio* Wallker
分布：江苏至海南、台湾；朝鲜

华庆锦斑蛾 *Erasmia pulchella chinensis* Jordan
分布：广东、广西、云南；缅甸

井冈小翅蛾 *Paramartyria jinggangana* Yang
分布：江西（杨集昆 绘）

黑心赤眉锦斑蛾 *Rhodopsona rubinos* Leech
分布：广东、广西等

竹红举肢蛾 *Oedematopoda semirubra* Meyrick
分布：华东地区；日本（马志华 绘）

褐翅锦斑蛾 *Chaleosia pectinicornis* Linnaeus
分布：广东、广西等

97

白尾花螟 *Aetholix flavibasalis* Guenee
分布：广东等

云纹叶野螟 *Nausinoe perspectata*（Fabricius）
分布：南方各地

亮斑野绢螟 *Daphnia canthasalia* Walker
分布：黑龙江至华南、云南；东南亚

褐纹水螟 *Cataclysta blandialis* Walker

黄翅长距野螟 *Hyalobarhra filalis* Guenee
分布：广东、台湾；东南亚、非洲及澳大利亚

赤双纹螟 *Herculia pelasgalis* Walker
分布：广东、福建等；日本

豹尺蛾 *Dysphania militaris* Linnaeus
分布：广东、海南、云南；南亚、东南亚

中国虎尺蛾 *Xanthabraxas hemionata* Guenee
分布：华北至华南

叉线青尺蛾 *Campaea dehaliaria* Wehrli
分布：广东、四川、西藏等

黑豹尺蛾 *Parobeidia gigantearia*
分布：广东等

钩镰翅绿尺蛾 *Tanaorhinus rafflesi* Moore
分布：海南；南亚

镰翅绿尺蛾 *Tanaorhinus reciprocata confuciaria* Walker
分布：华北、海南、台湾等

密斑尺蛾 *Eucyclodes semialba* Walker
分布：广东

褐边青尺蛾 *Comotola chlorargyra*
分布：广东

红边青尺蛾 *Pyrrhorachis pyrrhogona*（Walker）
分布：广东

满月圆窗黄尺蠖 *Corymica pryeri* Butler
分布：广东、海南等

白纹青尺蛾 *Protulicnemis castalaria* Oberthur
分布：广东、海南

白斑尺蛾 *Comostola virago* Prout
分布：广东

络毒蛾 *Lymantria concolor* Walker

褐边绿刺蛾 *Parasa consocia* Walker
分布：广东

宽铃钩蛾 *Mcrocilia maia* Leech
分布：海南、广东；日本及东南亚

哑铃钩蛾 *Mcrocilia mysticata* Chu et Wang

泪眼斑钩蛾 *Problepsis* sp.
分布：广东

四斑钩蛾 *Plutodes warreni* Prout
分布：广东、湖南

锰窗蛾 *Pyrinioides sinuosus*
分布：广东

乳源裳卷蛾 *Cerace* sp.
分布：广东

隐猫纹蛾 *Tetragonus catamitus*
分布：广东、海南等

肖毛翅夜蛾 *Lagoptera juno* Dalmam
分布：东北至华南；日本、印度

卷裳魔目夜蛾 *Eupatula macrops* Linnaeus
分布：华南、西南；南亚

绿孔雀夜蛾 *Nacna malachitis* Oberthus
分布：东北、广东、四川；日本、印度

枝夜蛾 *Ramadasa pavo* Walker
分布：广东、云南；印度等

苏修虎蛾 *Saebanissa subalba* Leech
分布：广东等

芝麻鬼脸天蛾 *Acherontia styx* Westwood
分布：河北至海南；日本、印度等

广东蓝目天蛾 *Smerithus planus kuantungensis* Clark
分布：广东

芒果天蛾 *Compsogena panopus*（Cramer）
分布：华南、云南；南亚、东南亚

红天蛾 *Pergesa elpenor*
分布：吉林、河北、四川；朝鲜

茜草白腰天蛾 *Deilephila hypothous*（Cramer）
分布：海南、西南；南亚

白眉斜纹天蛾 *Theretra suffusa*（Walker）
分布：广东、海南；越南、印度尼西亚

翡翠长喙天蛾 *Macroglossum* sp.
分布：云南新发现

川锯齿天蛾 *Langia zenzeroides* Moore
分布：四川

四、昆虫鉴赏
Appreciation of Insects

咖啡透翅天蛾 *Cephonodes hylas*（Linnaeus）
分布：广布种

黑长喙天蛾 *Macroglossum pyrrhosticta*（Butlerl）
分布：广东

中国大燕蛾 *Lyssa zampa*
分布：云南

剑尾燕蛾 *Uranin leilus* Linnaeus（杨建业 摄）
分布：秘鲁

蓝晕燕蛾 *Alcidia agarthyrsus*
分布：南美洲

华尾凤蛾 *Epicopeia polydara*
分布：云南、四川

巴培卡凤蛾 *Epicopeia battaka*
分布：印度尼西亚

青球箩纹蛾 *Brahmophthalma hearseyi*（White）
分布：河南、广东、西南；南亚及印度尼西亚

藤豹大蚕蛾 *Loepa anthera* Jordan
分布：广东、福建；印度等

日樗蚕 *Philosamia cynthia pryeri* Butler
分布：黑龙江；日本

樗蚕 *Samia cynthia*（Walker et Felder）
分布：东北至华南；朝鲜、日本

鸮目大蚕蛾 *Salassas shuyiae* Zhang et Kohll
分布：海南

豹大蚕蛾 *Loepa oberthiiri* Leech
分布：华南、西南；印度

钩翅大蚕蛾 *Antheraea assamensis* Westwood
分布：广东、云南；印度

柞蚕 *Antheraea pernyi* Guerin-Moneville
分布：黑龙江至广东

半目大蚕蛾 *Antheraea yamamai* Guerin-Meneville
分布：云南、四川

黄珠大蚕蛾 *Saturnia anna* Moore
分布：西南；印度

四、昆虫鉴赏
Appreciation of Insects

月目大蚕蛾 Caligula zuleika Hope
分布：西南；印度

紫彩大蚕蛾 Rhodinia verecunda
分布：云南

清新大蚕蛾 Rhodinia newara
分布：云南
雌　　雄

月牙大蚕蛾 Rhodinia tenzingyatsoi
分布：云南、四川

猫眼大蚕蛾 Selassa mesosa
分布：云南、四川

绿尾大蚕蛾 Actias selene ningpoana Felder
分布：河北至海南

华尾大蚕蛾 Actias sinensis Walker
分布：广东、江西、湖南

大尾大蚕蛾 Actias maenas Dubernurd
分布：云南

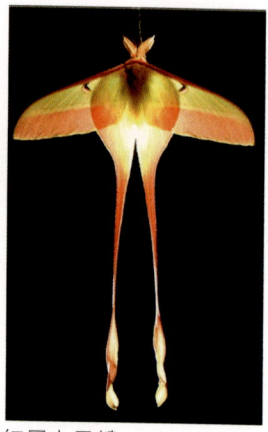

红尾大蚕蛾
Actias rhodopneuma Rober
分布：云南、福建

云南大蚕蛾 Actias chrisbrechlinae Brechlin
分布：云南

西施大蚕蛾 Actias chapae Mell
分布：云南

长尾大蚕蛾 Actias dubernardi Oberthur
分布：广东及西南各地

其他目昆虫

蜉蝣目（Ephemeroptera）、革翅目（Dermaptera）、蛩蠊目（Grylloblattodea）、襀翅目（Plecoptera）、蛇蛉目（Raphidioptera）、纺足目（Embioptera）、缨翅目（Thysanoptera）、啮虫目（Psocoptera）、缺翅目（Zoraptera）、长翅目（Mecoptera）等目昆虫本书收录较少，现列于一起供读者阅读鉴赏。

黄蜉蝣 *Ephemera* sp.
蜉蝣目 Ephemeroptera 分布：广东等

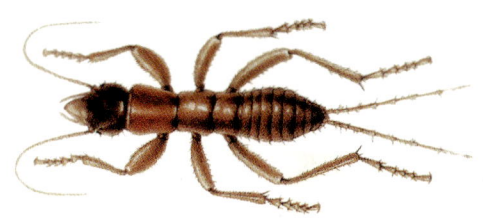

中华蛩蠊 *Galloisiana sinensis* Wang
蛩蠊目 Grylloblattodea 分布：吉林（陈瑞瑾 绘）

垫附螋 *Proreus* sp.
革翅目 Dermaptera 分布：海南

福建盲蛇蛉 *Inocellia fujiana* Yang
蛇蛉目 Raphidioptera

石蝇 *Togoperia* sp.
襀翅目 Plecoptera

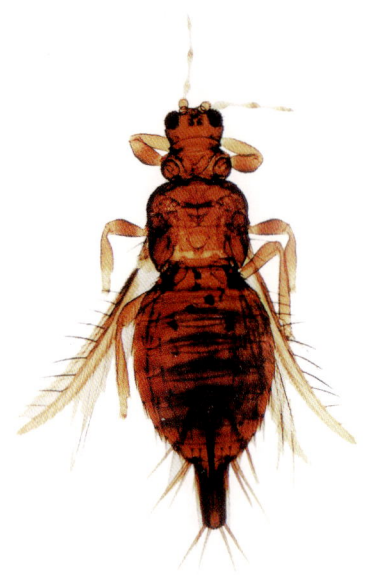

印度针蓟马 *Panchaetothrips indicus* Bagnall
缨翅目 Thysanoptera 分布：广东、海南、云南；印度（张维球 摄）

异色裸尾蜉 *Apostha varians*（Navas）
纺足目 Embioptera 分布：贵州（杨集昆 绘）

庞氏圆围蝠 *CYcloperipsocua paangi* Li
啮虫目 Psocoptera 分布：广东（马志华 绘）

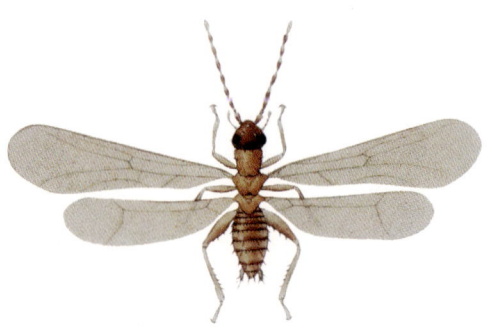

墨脱缺翅虫 *Zorotypus medoensis* Huang
缺翅目 Zoraptera 分布：西藏（陈瑞瑾 绘）

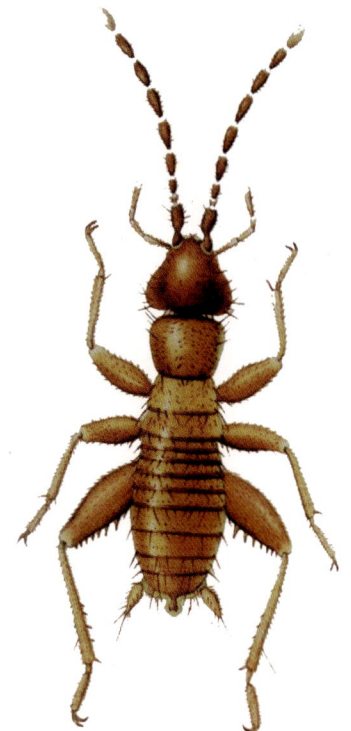

中华缺翅虫 *Zorotypus sinensis* Huang
缺翅目 Zoraptera 分布：西藏
（陈瑞瑾 绘）

蝎蛉 *Neopanorpa* sp.
长翅目 Mecoptera 分布：广东

参考文献

（苏）普拉威尔希科夫著．陈善基译．1979．趣味昆虫学[M]．北京：科学普及出版社．

彩万志，李淑娟，米青山．2002．昆虫拟态的多样性[J]．昆虫知识，39（5）：390~394．

彩万志，赵平，米青山．2002．猎蝽的伪装现象[J]．昆虫知识，39（4）：317~319．

彩万志．1998a．昆虫的发光及其应用[J]．昆虫知识，（2）：115~119．

彩万志．1998b．中国昆虫节日文化[M]．北京：中国农业出版社．

陈振耀．2003．昆虫世界与人类社会[M]．广州：中山大学出版社．

崔建新，彩万志．2003．昆虫的雌雄嵌合现象[J]．40（6）：565~570．

杜飞豹，钟慧珍．1980．世界之最 I [M]．北京：科学普及出版社．

法布尔著，黄亚治译．1998．昆虫的故事[M]．广州：花城出版社．

郭耀华．1993．蚂蚁拾趣[J]．昆虫知识，30（6）：358．

韩永林，彩万志，徐希莲．2004．椿象昆虫的臭腺[J]．昆虫知识，41（6）：607~612．

贺丽清，奚耕思．2006．社会性昆虫品级分化的基因调控[J]．昆虫知识，43（1）：130~133．

华立中，（日）奈良一，（美）G. A. 塞缪尔森，等．2009．中国天牛（1406种）彩色图鉴[M]．广州：中山大学出版社．

黄复生．1991．昆虫数量的变化[J]．昆虫知识，28（6）：374．

蒋青海．2000．鸣虫欣赏饲养300答[M]．南京：江苏科学技术出版社．

蒋书楠．1985．中国经济昆虫志（第三十五册） 鞘翅目 天牛科（三）[M]．北京：科学出版社．

乐文俊．2000．昆虫的趣闻轶事[J]．昆虫知识，37（4）：243．

李栋，田伟金，黎明，等．2004．谈谈白蚁与人类的密切关系[J]．昆虫知识，41（5）：487~494．

李仁烈，罗清真，陈庆源．1986．奇妙的昆虫世界[M]．南昌：江西科学技术出版社．

李铁生．1985．中国经济昆虫志（第三十册） 膜翅目[M]．北京：科学出版社．

李湘涛．2006．昆虫博物馆[M]．北京：时事出版社．

刘浦山．1982．昆虫趣闻[M]．郑州：河南科学技术出版社．

刘振宇．2007．世界之最（天文地理、动物植物）[M]．北京：京华出版社．

柳德宝．2000．动物王国的大族[M]．上海：上海科学普及出版社．

马惠钦．2000．昆虫与仿生学浅谈[J]．昆虫知识，37（3）：170~172．

马文珍．1995．中国经济昆虫志（第四十六册） 鞘翅目 花金龟科、斑金龟科、弯腿金龟科[M]．北京：科学出版社．

蒲富基. 1980. 中国经济昆虫志（第十九册） 鞘翅目 天牛科（二）[M]. 北京：科学出版社.

邱君悦. 2008. 昆虫秘闻[J]. 秋光, 293（12）：51.

饶戈. 2006. 香港昆虫图鉴[M]. 香港：香港鳞翅目学会有限公司.

王林瑶. 1999. 奇妙的昆虫王国[M]. 桂林：广西师范大学出版社.

王林瑶, 田培琦, 宋士美. 1992. 精彩昆虫世界[M]. 北京：中国林业出版社.

王林瑶, 张广学, 刘友樵. 1977. 昆虫知识[M]. 北京：科学出版社.

王明福, 佟艳丰, 蒋万琦. 2004. 蝇类资源及其利用前景展望[J]. 资源科学, 26（5）：153~158.

王荫长. 2004. 方寸天地中的昆虫百科——漫谈昆虫邮票[J]. 昆虫知识, 41（2）：184~188.

魏琮, 张雅林, 贺红. 2005. 略论中国园林观赏昆虫的美学价值[J]. 昆虫知识, 42（1）：103~108.

吴捷. 2007. 探访蚁巢深处的"甲虫部落"[J]. 大自然,（3）：60~62.

吴先福, 封洪强, 薛芳森, 等. 2006. 昆虫迁飞过程中的定向行为[J]. 植物保护, 32（5）：1~3.

五一军, 陈端, 李薇. 2005. 昆虫仿生[J]. 昆虫知识, 42（1）：109~112.

杨惟义. 1962. 中国经济昆虫志（第二册） 半翅目 蝽科[M]. 北京：科学出版社.

杨星科, 刘思孔, 崔俊芝. 2006. 身边的昆虫[M]. 北京：中国林业出版社.

杨振明. 2001. 趣味科学[M]. 乌鲁木齐：新疆人民出版社.

岳军, 白九维. 2004. 甲虫之谜[M]. 北京：中国农业出版社.

翟保平. 2005. 昆虫雷达让我们看到了什么[J]. 昆虫知识, 42（2）：217~226.

张润志, 任立, 刘宁. 2005. 严防危险性害虫红火蚁入侵[J]. 昆虫知识, 42（1）：6~10.

张韶化, 贾凤龙. 2002. 深圳市卫生昆虫及其防治[M]. 长沙：湖南科学技术出版社.

张巍巍. 2007. 常见昆虫野外识别手册[M]. 重庆：重庆大学出版社.

张小斌, 陈学新, 程家安. 2005. 为何海洋中的昆虫种类如此稀少[J]. 昆虫知识, 42（4）：471~475.

周群, 何斌, 岳继光. 2007. 昆虫足的吸附机制[J]. 昆虫知识, 44（2）：297~301.